Krishna Sarker
Jayanti Sarker (Bhattacharjee)

CONCEPÇÃO DE UM LABORATÓRIO ELÉCTRICO VIRTUAL

Krishna Sarker
Jayanti Sarker (Bhattacharjee)

CONCEPÇÃO DE UM LABORATÓRIO ELÉCTRICO VIRTUAL

LABORATÓRIO VIRTUAL DE ELECTRICIDADE

ScienciaScripts

Imprint

Cover image: www.ingimage.com

This book is a translation from the original published under ISBN 978-620-6-77053-4.

Publisher:
Sciencia Scripts
is a trademark of
Dodo Books Indian Ocean Ltd. and OmniScriptum S.R.L publishing group

120 High Road, East Finchley, London, N2 9ED, United Kingdom
Str. Armeneasca 28/1, office 1, Chisinau MD-2012, Republic of Moldova, Europe
Printed at: see last page
ISBN: 978-620-8-29607-0

Conteúdo

Dr. Krishna Sarker
Professor Associado
Departamento de Engenharia Eletrotécnica
Escola Superior de Engenharia e Tecnologia de St. Thomas
E
Dr. Jayanti Sarker (Bhattacharjee)
Professor Assistente
Departamento de Engenharia Eletrotécnica
Techno Main Salt Lake
Bengala Ocidental, Índia
Krishna80sarker@gmail.com
jayanti ee@yahoo. co.in

QUALIFICAÇÃO ACADÉMICA: Dr. Krishna Sarker

- Doutoramento em Engenharia Eléctrica, Universidade de Jadavpur (JU), 188, Raja Subodh Chandra Mallick Road, Jadavpur, Calcutá, Bengala Ocidental, Índia-700032.
- M. Técnico em Engenharia Eletrotécnica (Energia Eléctrica), University College of Science and Technology, Rajabazar Science College, Calcutta University (CU), 92, Acharya Prafulla Chandra Road, Calcutá, Bengala Ocidental, Índia- 700009.

QUALIFICAÇÃO ACADÉMICA: Dr. Jayanti Sarker Bhattacharjee

- Doutoramento e Mestrado em Engenharia Eléctrica, Universidade de Jadavpur (JU), 188, Raja Subodh Chandra Mallick Road, Jadavpur, Calcutá, Bengala Ocidental, Índia - 700032.

AGRADECIMENTOS

Agradecemos sinceramente aos nossos pais, cuja orientação inabalável, encorajamento e apoio têm sido a pedra angular da nossa jornada para a publicação deste livro. Este esforço tem sido uma experiência de aprendizagem inestimável, e orgulhamo-nos de ser seus filhos e filhas, pois têm sido a base do nosso crescimento académico e pessoal.

Os alicerces do nosso estudo foram fortalecidos pelo apoio sólido dos administradores, o que conduziu não só à aquisição de conhecimentos alargados, mas também à análise cuidadosa de pensamentos profundos. A sua contribuição constitui a espinha dorsal dos nossos objectivos académicos.

Um agradecimento sincero é extensivo aos nossos alunos, **Abantika Choudhary, Souptik Das, Rohit Halder e Tirthankar Chakraborty**. O seu apoio e encorajamento inabaláveis foram a pedra angular da nossa jornada para a publicação deste livro e estamos verdadeiramente gratos pelo seu contributo.

O nosso apreço vai para os nossos professores dedicados, cuja disponibilização das infra-estruturas necessárias foi fundamental para a conclusão deste trabalho abrangente. Um agradecimento especial é extensivo às pessoas que facilitaram as instalações oficiais e laboratoriais, permitindo-nos navegar pelas complexidades do nosso trabalho.

A nossa gratidão é extensiva aos estimados membros do Escrutínio Doutoral, cujas valiosas sugestões, comentários perspicazes e apoio inabalável enriqueceram este período de trabalho. A sua orientação e a atmosfera amigável que cultivaram foram inestimáveis para moldar a trajetória do nosso trabalho.

Por último, com o mais profundo amor e apreço, expressamos a nossa gratidão ao nosso querido pai, à nossa mãe e a todos os membros da nossa família. O seu apoio e encorajamento inabaláveis têm sido um farol constante, guiando-nos através dos desafios encontrados ao longo desta viagem literária.

Dr. Krishna Sarker

Professor

Departamento de Engenharia Eletrotécnica

Bengala Ocidental, Índia

Dr. Jayanti Sarker Bhattacharjee

Professor Assistente

Departamento de Engenharia Eletrotécnica

Techno Main Salt Lake

Bengala Ocidental, Índia

Dedicação

Em humilde reconhecimento do amor inabalável, do apoio e da orientação duradoura dos nossos pais, este trabalho é-lhes dedicado. As suas inestimáveis contribuições foram a base sobre a qual assenta a conclusão deste projeto. Estendemos a nossa mais profunda gratidão ao nosso filho, Mstr. Aditya Sarker, cujo apoio tem sido uma fonte de inspiração ao longo desta jornada. Além disso, expressamos os nossos sinceros agradecimentos aos outros membros da nossa família pelo seu incessante apoio e simpatia, que enriqueceram o processo de concretização deste livro.

RESUMO

A conceção de um laboratório elétrico virtual envolve a criação de um ambiente digital que simula experiências e cenários eléctricos do mundo real. Esta pode ser uma ferramenta poderosa para aprender e praticar conceitos de engenharia eléctrica. Eis alguns aspectos fundamentais a ter em conta na conceção:

Interface do utilizador (IU): Criar uma interface intuitiva e de fácil utilização que permita aos utilizadores navegar e interagir facilmente com o laboratório virtual. Incluir gráficos e animações realistas para melhorar a experiência de imersão.

Simulações de experiências: Desenvolver simulações precisas de várias experiências eléctricas, como a construção de circuitos, medições de tensão e testes de componentes. Certifique-se de que o laboratório virtual reproduz as condições e respostas do mundo real.

Biblioteca de componentes: Fornecer uma biblioteca abrangente de componentes eléctricos virtuais, incluindo resistências, condensadores, indutores e diferentes tipos de fontes de alimentação. Permitir que os utilizadores seleccionem e coloquem componentes numa placa de ensaio virtual ou num painel de circuitos.

Ferramentas de medição: Incorporar instrumentos virtuais para medir tensão, corrente, resistência e outros parâmetros eléctricos. Os utilizadores devem poder utilizar multímetros virtuais, osciloscópios e outras ferramentas de medição como fariam num laboratório físico.

Sistema de feedback: Implementar um sistema de feedback que guie os utilizadores através das experiências. Forneça feedback em tempo real sobre o desempenho do circuito, destaque os erros e ofereça sugestões de melhoria.

Tutoriais interactivos: Incluir tutoriais interactivos que guiam os utilizadores através dos conceitos básicos de circuitos eléctricos e avançam progressivamente para tópicos mais complexos. Estes tutoriais podem ajudar os utilizadores a compreender os conceitos teóricos e a aplicá-los em cenários práticos.

Registo e análise de dados: Permite aos utilizadores registar e analisar os dados das suas experiências. Esta funcionalidade melhora a experiência de aprendizagem, permitindo aos utilizadores observar e compreender a relação entre diferentes variáveis nos circuitos eléctricos.

Colaboração e partilha: Incorporar funcionalidades que permitam aos utilizadores colaborar com colegas em tempo real ou partilhar as suas configurações virtuais. Isto promove a aprendizagem e o debate em colaboração.

Avaliação e avaliação: Integrar ferramentas de avaliação para avaliar a compreensão dos conceitos eléctricos por parte dos utilizadores. Isto pode incluir questionários, testes ou relatórios de laboratório virtual que avaliem tanto os conhecimentos teóricos como as competências práticas.

Compatibilidade de plataformas: Assegurar que o laboratório virtual de eletricidade está acessível em diferentes dispositivos e plataformas, tornando conveniente para os utilizadores interagirem com a ferramenta a partir de vários locais.

Lembre-se, o objetivo é criar um ambiente virtual que espelhe a experiência prática de um laboratório elétrico físico, aproveitando as vantagens da tecnologia digital para uma experiência de aprendizagem mais dinâmica e interactiva.

Capítulo 1

Introdução ao Laboratório Virtual

1.1 INTRODUÇÃO:

Recursos laboratoriais adequados e experiências laboratoriais modernizadas são essenciais para todas as instituições de engenharia. A iniciativa do Laboratório Elétrico Virtual resolve o problema da insuficiência de instalações laboratoriais, oferecendo acesso remoto a laboratórios de engenharia eléctrica baseados em simulações. Outro objetivo é despertar o entusiasmo dos estudantes e permitir-lhes aprender à velocidade que preferirem. Esta abordagem centrada no aluno facilita a assimilação de conceitos fundamentais e avançados através da experimentação simulada. Além disso, a experimentação baseada na Web permite a utilização de materiais suplementares em linha, tais como aulas em vídeo, demonstrações animadas e autoavaliação.

Este trabalho de laboratório virtual de eletricidade aborda os seguintes pontos: - Disponibilização de acesso em linha a laboratórios para faculdades de engenharia com um défice de instalações laboratoriais físicas e disponibilização de acesso a laboratórios com base na Internet como recurso suplementar para faculdades que já possuem laboratórios, mas que enfrentam restrições de acesso devido à pandemia e às medidas de confinamento.

O objetivo dos Laboratórios Virtuais é oferecer acesso à distância a laboratórios que abrangem uma vasta gama de domínios científicos e de engenharia. Estes Laboratórios Virtuais estão disponíveis para estudantes de licenciatura e pós-graduação, bem como para académicos de investigação. Permitem que os estudantes aprendam ao seu próprio ritmo e inspiram-nos a participar em experiências. Além disso, os Laboratórios Virtuais fornecem um sistema de gestão de aprendizagem abrangente que dá aos estudantes acesso a várias ferramentas de aprendizagem, tais como materiais Web suplementares, aulas em vídeo, demonstrações animadas e recursos de autoavaliação. Os Laboratórios Virtuais podem servir como um complemento valioso aos laboratórios físicos tradicionais.

1.2 OBJECTIVO

i. Permitir a acessibilidade remota a Laboratórios baseados em simulação no domínio da Engenharia Eletrotécnica.

ii. Inspirar os estudantes a participar em actividades experimentais, despertando a sua curiosidade. Isto facilitará a sua aprendizagem de princípios fundamentais e avançados através da experimentação à distância.

iii. Oferecer uma simulação online de experiências de engenharia eléctrica como forma de ultrapassar as limitações de acesso a laboratórios físicos durante situações de emergência como a pandemia de Covid-19.

iv. Permitir a facilitação e o fornecimento de resultados exactos para certas experiências que podem necessitar de equipamento complexo e dispendioso.

v. Em situações em que os recursos e o financiamento são limitados, os laboratórios virtuais oferecem aos professores aplicações práticas dos seus currículos, ajudando na cobertura abrangente de diferentes aspectos dos seus cursos e proporcionando aos alunos oportunidades para compreenderem eficazmente o material científico.

vi. Permitir que alunos e professores estudem e preparem as suas experiências a partir de qualquer local e em qualquer altura, garantindo uma acessibilidade ilimitada 24 horas por dia, 7 dias por semana.

vii. Permita que os alunos repitam as experiências desejadas várias vezes até terem compreendido toda a informação relevante.

1.3 REVISÃO DA LITERATURA

Os laboratórios virtuais oferecem uma solução potencial para estes desafios. Foi desenvolvido um laboratório virtual para o ensino de processamento digital de sinais, que melhorou a aprendizagem e a compreensão da matéria pelos alunos [1]. O objetivo deste trabalho de investigação é apresentar a nossa abordagem à conceção e implementação de um laboratório virtual de circuitos de filtros activos utilizando JavaScript, Hypertext Markup Language (HTML) e Cascading Style Sheets (CSS). Além disso, precisamos de um laboratório virtual de eletricidade e eletrónica para ensinar circuitos de filtros activos, o que é importante para melhorar a compreensão da matéria pelos alunos e facilitar a sua aprendizagem através de simulações interactivas, como sugerido em [2]. A importância de um laboratório virtual como ferramenta eficaz para o ensino da eletrónica de potência, salientando a necessidade de os alunos terem uma compreensão mais profunda dos conceitos teóricos e das aplicações práticas da eletrónica de potência através de um ambiente virtual interativo e imersivo [3]. Melhorar as experiências de aprendizagem dos alunos e fornecer uma solução flexível e económica para as instituições de ensino que utilizam o laboratório virtual [4]. Em [5] é destacada uma abordagem eficaz e inovadora para melhorar as competências e conhecimentos práticos dos estudantes em matéria de proteção de sistemas de energia. Em [6] discute-se o desenvolvimento de um laboratório virtual que permite aos estudantes aprenderem sobre máquinas eléctricas e eletrónica de potência, proporcionando uma experiência de aprendizagem prática e interactiva. O artigo de investigação [7] destaca a utilização de um ambiente de software interativo para introduzir circuitos de filtros activos, promovendo uma nova abordagem de ensino para estudantes de engenharia eléctrica. "Eletrónica de Potência: Circuits, Devices and Applications"[8] é um livro seminal que fornece uma cobertura abrangente de circuitos, dispositivos e aplicações de eletrónica de potência, servindo como um recurso fundamental para a compreensão dos conceitos subjacentes à eletrónica de potência. O livro também realça o potencial dos laboratórios virtuais para melhorar a qualidade do ensino, permitindo que os alunos aprendam ao seu próprio ritmo e proporcionando-lhes uma plataforma de aprendizagem em colaboração [9]. Uma estrutura para a conceção de tais laboratórios virtuais que pode ser adaptada e personalizada para atender às necessidades de diferentes instituições de ensino é apresentada em [10].

A W3SCHOOLS.Com oferece uma plataforma de aprendizagem abrangente e estruturada que cobre uma vasta gama de tecnologias Web através de exemplos ilustrativos. A utilização de diferentes linguagens de desenvolvimento Web, como HTML, CSS, JavaScript, etc., neste projeto foi orientada por referência a este recurso[11].

Quando se deparou com desafios técnicos durante o desenvolvimento da Obra, o STACKOVERFLOW.Com revelou-se um recurso inestimável. A sua vasta comunidade de programadores de todo o mundo ajudou a resolver a maioria dos problemas e erros encontrados ao trabalhar com tecnologias Web[12].

Para aprofundar o nosso conhecimento sobre as operações das máquinas e a sua aplicabilidade em vários cenários, o WIKIPEDIA.Com e o livro "Linear Integrated Circuit" de D. Roy Choudhury e Shail Bala Jain desempenharam um papel fundamental. Revisitar os fundamentos da engenharia eléctrica foi essencial, uma vez que este trabalho gira em torno da energia eléctrica. Conceitos e propriedades como a lei de Ohm e filtros foram indispensáveis.[13] & [15]

Para implementar o frontend do trabalho, a GETBOOTSTRAP.Com forneceu uma série de extensões e ícones Bootstrap. O Bootstrap é uma estrutura CSS disponível gratuitamente que se centra na criação de designs Web reactivos e orientados para os dispositivos móveis. Oferece modelos de design para tipografia, formulários, botões, navegação e outros componentes de interface utilizando CSS e JavaScript[14].

É importante notar que a eficácia dos laboratórios virtuais pode variar em função de vários factores, como a qualidade do software do laboratório virtual, a conceção pedagógica e o nível de envolvimento e motivação dos alunos. Por conseguinte, a implementação cuidadosa e o apoio pedagógico são cruciais para maximizar os benefícios dos laboratórios virtuais para fins educativos. [16] & [17]

Os laboratórios desempenham um papel crucial na educação, particularmente nos domínios da ciência e da engenharia. Os laboratórios proporcionam aos estudantes oportunidades de experiências de aprendizagem prática. Permitem que os alunos se envolvam ativamente com materiais, equipamento e experiências, reforçando conceitos teóricos e promovendo uma compreensão mais profunda da matéria. [18-33].

1.4 METODOLOGIA / DESCRIÇÃO DOS TRABALHOS

A iniciativa Virtual Lab Design centra-se no desenvolvimento de uma simulação em linha para uma série de experiências de Engenharia Eléctrica. O principal objetivo deste trabalho é estabelecer uma plataforma onde os alunos possam realizar experiências mesmo quando não têm acesso imediato a laboratórios físicos.

As etapas envolvidas na realização deste trabalho são as seguintes:

a. Análise do problema: Examinar as questões envolvidas na criação de um laboratório virtual e compreendê-las bem.

b. Familiarização com conceitos relevantes: Adquirir conhecimentos sobre os princípios fundamentais da engenharia eletrotécnica que estão associados à Obra.

c. Aprender e implementar tecnologias web front-end: Adquirir competências na utilização de tecnologias Web para a criação de cada experiência no laboratório virtual.

d. Testar códigos de programa: Verificar a funcionalidade dos códigos de programa criados e comparar os resultados obtidos com os de experiências físicas reais.

e. Depuração com base no feedback: Identificar e retificar quaisquer falhas ou erros no laboratório virtual, incorporando sugestões e feedback dos utilizadores.

f. Documentação e resumo do trabalho: Compilar relatórios de trabalho abrangentes e resumir todo o processo.

1.5. FLUXOGRAMA DE TRABALHO

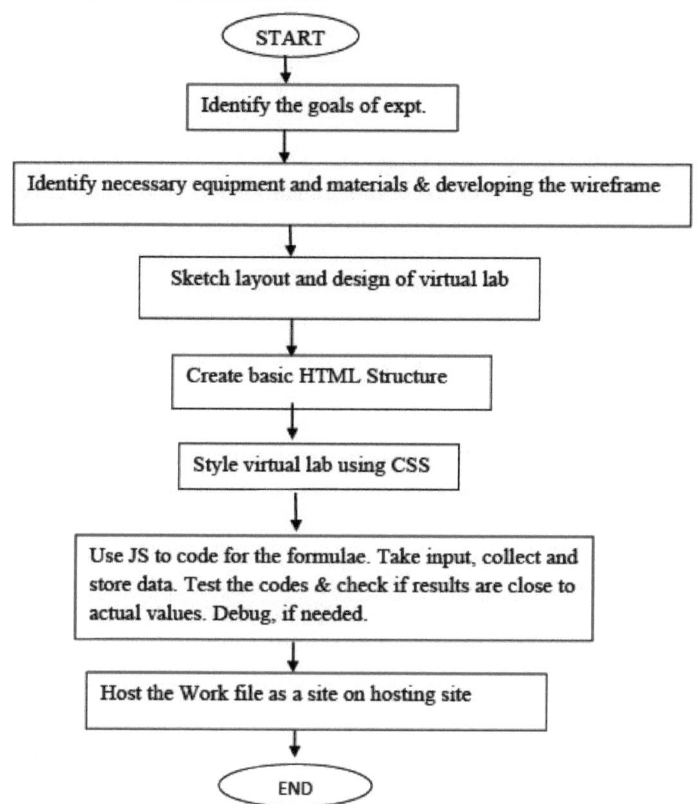

INICIAR
Identificar os objectivos do expt.
Identificar o equipamento e os materiais necessários e desenvolver o wireframe
Esboço e conceção do laboratório virtual
Criar um laboratório virtual básico de estilo de estrutura HTML utilizando CSS
Utilizar JS para codificar as fórmulas. Receber dados, recolher e armazenar dados.
Teste os códigos e verifique se os resultados estão próximos dos valores reais.
Depurar, se necessário.
FIM

1.6 PORQUÊ UM LABORATÓRIO ELÉCTRICO VIRTUAL:

A conceção de um laboratório virtual de eletricidade serve vários objectivos importantes:

Acessibilidade: Nem todas as pessoas têm acesso a um laboratório elétrico físico devido a várias limitações, como a localização, os recursos ou o tempo. Um laboratório virtual fornece uma plataforma de aprendizagem e experimentação que pode ser acedida a partir de qualquer lugar com uma ligação à Internet.
Rentável: A instalação de um laboratório elétrico físico com todo o equipamento necessário pode ser dispendiosa. Um laboratório virtual elimina a necessidade de componentes e equipamentos físicos, reduzindo os custos e proporcionando uma experiência de aprendizagem realista e eficaz.
Segurança: Trabalhar com circuitos eléctricos num laboratório físico envolve riscos inerentes. Os laboratórios virtuais permitem aos utilizadores experimentar conceitos e circuitos eléctricos sem o risco de choques eléctricos ou outros riscos de segurança, promovendo um ambiente de aprendizagem seguro.
Disponibilidade de recursos: Num laboratório físico, os recursos podem ser limitados e certos componentes podem ser escassos ou estar em constante utilização. Um laboratório virtual garante que todos os utilizadores têm acesso ao mesmo conjunto de recursos e podem realizar experiências sem restrições.
Flexibilidade: Os laboratórios virtuais oferecem flexibilidade em termos de tempo e ritmo. Os utilizadores podem aceder ao laboratório quando lhes for conveniente, repetir experiências conforme necessário e progredir através de tutoriais e simulações ao seu próprio ritmo.
Simulações realistas: Os laboratórios virtuais bem concebidos podem fornecer simulações realistas de fenómenos e experiências eléctricas. Os utilizadores podem explorar e compreender conceitos complexos num ambiente controlado e visualmente imersivo.
Feedback imediato: Os laboratórios virtuais podem oferecer feedback imediato sobre as acções dos utilizadores e os resultados das experiências. Este feedback em tempo real ajuda os alunos a corrigir erros, a compreender as consequências das suas decisões e a reforçar a aprendizagem.
Ensino à distância: Em situações em que a presença física não é possível ou prática, como durante uma pandemia ou para o ensino à distância, os laboratórios eléctricos virtuais permitem o ensino à distância, permitindo que os alunos continuem os seus estudos sem interrupção.
Variedade de experiências: Os laboratórios virtuais podem oferecer uma vasta gama de experiências que abrangem vários tópicos de engenharia eléctrica. Esta variedade permite aos utilizadores explorar diferentes conceitos e aplicações, melhorando a sua compreensão geral do assunto.
Integração com o currículo: Os laboratórios virtuais podem ser concebidos para se alinharem estreitamente com os currículos educativos, assegurando que complementam os ensinamentos da sala de aula e apoiam os objectivos de aprendizagem dos cursos de engenharia eléctrica.
Em resumo, a conceção de um laboratório elétrico virtual responde a desafios relacionados com a acessibilidade, o custo, a segurança e a flexibilidade,

proporcionando simultaneamente uma plataforma realista e eficaz para a aprendizagem e a experimentação no domínio da engenharia eléctrica.

Capítulo 2

Caraterísticas da Lei de Ohm

2. CARACTERÍSTICAS DA LEI DE OHM

2.1. O que é a Lei de Ohm

A Lei de Ohm é um princípio fundamental da engenharia eléctrica e da física que descreve a relação entre a tensão (V), a corrente (I) e a resistência (R) num circuito elétrico. O seu nome vem do físico alemão Georg Simon Ohm, que formulou a lei pela primeira vez em 1827.

A Lei de Ohm é expressa matematicamente como:

V=I-R

onde:

V é a tensão que atravessa o circuito (medida em volts, V),

I é a corrente que atravessa o circuito (medida em amperes, A), e

R é a resistência do circuito (medida em ohms, Q).

Esta equação indica que a tensão através de uma resistência é diretamente proporcional à corrente que passa através dela e à resistência da resistência. Por outras palavras, se conhecer dois dos três valores (tensão, corrente e resistência), pode utilizar a Lei de Ohm para calcular o terceiro.

A Lei de Ohm é crucial para a análise e conceção de circuitos eléctricos. Fornece uma compreensão fundamental de como a tensão, a corrente e a resistência estão inter-relacionadas e ajuda os engenheiros e estudantes a tomar decisões informadas quando trabalham com componentes e sistemas electrónicos.

2.2 Objetivo: O objetivo desta experiência virtual é verificar a lei de Ohm, estudando a relação entre corrente, tensão e resistência num circuito elétrico.

Este relatório fornece um guia passo-a-passo para a realização da experiência da Lei de Ohm num ambiente de laboratório virtual. A experiência centra-se na verificação da relação entre corrente, tensão e resistência num circuito elétrico. Ao seguir este manual, aprenderá a utilizar um simulador de circuito virtual para configurar o circuito, medir a corrente e a tensão, analisar os dados e validar a Lei de Ohm.

Materiais:

1. Computador ou dispositivo móvel com acesso à Internet
2. Software simulador de circuitos virtuais

2.3 Procedimento de conceção:

1. Inicie o software de simulação de circuitos virtuais no seu computador ou dispositivo móvel.
2. Familiarize-se com a interface do simulador e a biblioteca de componentes do circuito.
3. Montar o circuito: a. Colocar uma fonte de alimentação (bateria) da biblioteca de componentes no espaço de trabalho. b. Selecionar uma resistência e posicioná-la em série com a fonte de alimentação. c. Ligar um amperímetro em série com a resistência para medir a corrente. d. Ligar um voltímetro em paralelo com a resistência para medir a tensão.
4. Ajuste a resistência: a. Utilize a interface do simulador para definir o valor da resistência para a resistência. b. Comece com um valor de resistência baixo e aumente-

o gradualmente nos ensaios seguintes.

5. Medir a corrente: a. Ativar a simulação do circuito. b. Ler o valor da corrente apresentado no amperímetro. c. Registar o valor da corrente numa tabela ou folha de dados.

6. Medir a tensão: a. Observar a leitura da tensão apresentada no voltímetro. b. Registar o valor da tensão na tabela ou na folha de dados.

7. Repita os passos 4-6: a. Ajuste o valor da resistência. b. Meça a corrente e a tensão para cada definição de resistência. c. Registe os valores na tabela.

8. Análise de dados: a. Organizar os dados registados de uma forma clara e estruturada. b. Calcular a relação corrente/tensão (I/V) para cada ponto de dados. c. Anotar quaisquer padrões ou tendências observados.

9. Traçar um gráfico: a. Escolher os valores de corrente como eixo y e os valores de tensão como eixo x. b. Traçar os pontos de dados no gráfico. c. Adicionar etiquetas e um título ao gráfico.

10. Determinar a resistência: a. Utilizando a Lei de Ohm (R = V/I), calcular a resistência para cada ponto de dados. b. Comparar os valores de resistência calculados com a resistência conhecida utilizada no circuito.

2.4 Proposta de algoritmo para desenvolver a lei de Ohm em Laboratório Virtual:

I. **Criar a estrutura HTML**: Configure a estrutura HTML básica com os elementos necessários, como cabeçalhos, entradas, botões e uma tela para visualização do gráfico. Incluir ficheiros CSS e JavaScript externos.

II. **Conceber a interface do utilizador**: Utilizar CSS para estilizar os elementos, garantindo uma interface visualmente apelativa e intuitiva. Organize os elementos na página de uma forma lógica, facilitando a interação dos utilizadores com o laboratório virtual.

III. **Implementar a simulação do circuito**: Defina variáveis para armazenar os parâmetros do circuito, incluindo resistência, tensão e corrente. Utilize JavaScript para tratar a entrada do utilizador para ajustar o valor da resistência. Implementar os cálculos para a tensão e a corrente com base na Lei de Ohm (V = I x R). Apresentar os valores de tensão e corrente calculados na página Web.

IV. **Visualização de gráfico**: Utilize uma biblioteca JavaScript como Chart.js para criar um elemento gráfico. Actualize o gráfico com os pontos de dados de corrente e tensão à medida que o utilizador ajusta a resistência. Atualize os rótulos, os eixos e o título do gráfico com base nos dados que estão sendo plotados.

V. **Registo e análise de dados**: Criar uma tabela ou lista para armazenar os pontos de dados registados. Armazene os valores de resistência, tensão e corrente para cada ajuste efectuado pelo utilizador. Calcular a resistência para cada ponto de dados utilizando a Lei de Ohm (R = V/I). Apresentar os dados registados e a resistência calculada na página Web.

VI. **Conclusões e observações**: Forneça uma secção para os utilizadores escreverem as suas conclusões e observações com base nos resultados da experiência. Permitir que os utilizadores reflictam sobre se os dados recolhidos suportam a Lei de Ohm e discutir quaisquer discrepâncias ou padrões observados.

VII. **Melhorias e aperfeiçoamentos**: Implementar funcionalidades adicionais, como a capacidade de reiniciar a experiência ou ajustar outros parâmetros do circuito. Melhorar a interface do utilizador com animações, dicas de ferramentas ou elementos interactivos para melhorar a experiência do utilizador.

VIII. **Testar e depurar**: Teste exaustivamente o laboratório virtual para diferentes cenários e entradas do utilizador. Depurar quaisquer problemas ou erros que surjam durante o teste.

IX. **Implementar e partilhar:** Alojar os ficheiros HTML, CSS e JavaScript num servidor Web ou partilhar os ficheiros com outros. Forneça instruções claras sobre como utilizar o laboratório virtual e quaisquer pré-requisitos (por exemplo, navegadores ou dispositivos compatíveis).

X. **Melhoria contínua:** Recolher o feedback dos utilizadores e fazer as actualizações necessárias para melhorar a funcionalidade e a facilidade de utilização do laboratório virtual. Incorporar novas funcionalidades ou experiências para expandir as capacidades do laboratório virtual.

2.5 Desenhar o diagrama do circuito da lei de Ohm:

DIAGRAMA DO CIRCUITO

O diagrama do circuito do modelo proposto é o seguinte:

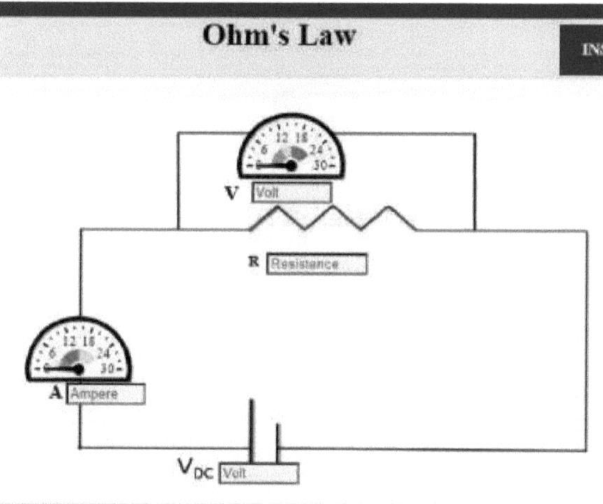

Fig.1: Diagrama do circuito da Lei de Ohm

2.6 Discussão dos resultados e das realizações:

Os resultados e a produção do modelo proposto são os seguintes:

Quadro 1

TABELA EXPERIMENTAL
Resistência:: | &4

Número de série	A oltage(A olt) V	C u rre ut(xn illi-Attip ere) inA	Resis tência(bCO h m)
1	1	00119	84
2	4	O 0476	84
3	9	0.107	84
4	13	O 155	84
5	17	0.202	84
6	25	0.298	84

Tabela experimental da Lei de Ohm

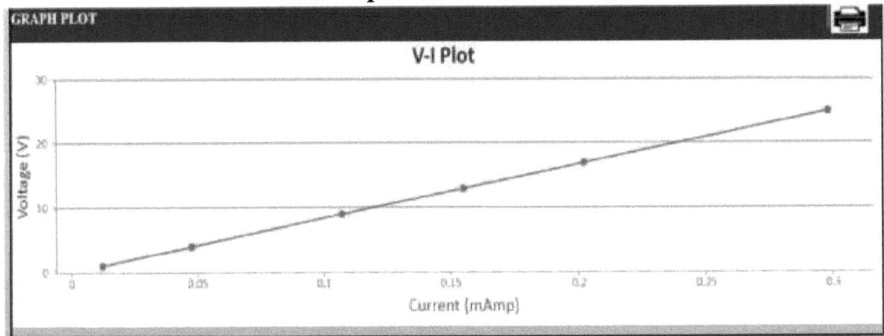

Fig 2: Gráfico da Lei de Ohm

2.7 FOTOGRAFIA / CAPTURA DE ECRÃ DE MODELO/PRODUTO

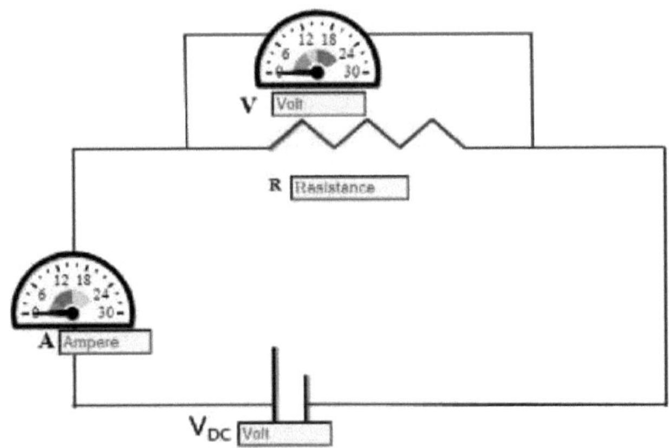

Fig3: Modelo da Lei de Ohm

2.8 Conclusão:

Analisando os dados recolhidos e o gráfico traçado, observe que a corrente que atravessa o circuito é diretamente proporcional à tensão aplicada ao circuito e inversamente proporcional à resistência. Os valores de resistência calculados devem coincidir com os valores das resistências utilizadas. Isto verifica a Lei de Ohm, que afirma que a corrente que flui através de um condutor é diretamente proporcional à tensão aplicada através dele e inversamente proporcional à resistência do condutor. Embora esta experiência virtual forneça uma experiência simulada da realização de uma experiência da Lei de Ohm, é importante lembrar que a experimentação real com componentes físicos é essencial para uma compreensão abrangente dos circuitos eléctricos e das aplicações práticas da Lei de Ohm.

Capítulo 3

Resposta em estado estacionário dos circuitos R-L, R-C e R-L-C

3. CAPÍTULO-3: RESPOSTA EM ESTADO ESTÁVEL DOS CIRCUITOS R-L, R_C e R-L-C

3.3 INTRODUÇÃO:

Quando uma tensão AC 230 (RMS) é aplicada a um circuito em série R-L-C, R-L, R-C, como se mostra no diagrama de circuito da Fig.2, estabelece-se uma corrente RMS dada pela equação I = VZ, em que Z é a impedância global da combinação em série. No diagrama do circuito, o valor RMS da tensão de alimentação é igual à adição vetorial da tensão através do indutor (VL), da tensão através da resistência (VR) e da tensão através do condensador (VC).

Pode desenhar-se o diagrama fasorial do circuito, que mostra a magnitude e a relação de fase entre as várias tensões e a corrente. Os diagramas fasoriais serão de natureza diferente para cada caso.

3.4 PALAVRAS-CHAVE IMPORTANTES:

Resistência: - Em física, a resistência refere-se à oposição encontrada por uma corrente eléctrica à medida que esta flui através de um condutor. É medida em ohms e é uma propriedade que determina o grau em que um material impede o fluxo de electrões. A resistência pode ser influenciada por factores como a composição do material, a área da secção transversal e a temperatura.

Indutância: - A indutância é um conceito fundamental em física e engenharia eléctrica que mede a capacidade de um circuito ou dispositivo para gerar um campo eletromagnético quando uma corrente eléctrica passa através dele. É uma propriedade que descreve o comportamento dos indutores, que são componentes eléctricos passivos especificamente concebidos para possuir indutância.

A indutância é designada pelo símbolo "L" e é medida em Henries (H). A indutância de um componente ou circuito é definida como a relação entre o fluxo magnético gerado pela corrente que o atravessa e a taxa de variação da corrente. Em termos mais simples, quantifica a eficácia com que um dispositivo resiste a alterações no fluxo de corrente.

Quando uma corrente eléctrica flui através de um condutor, cria um campo magnético à volta do condutor. Este campo magnético expande-se e colapsa à medida que a corrente muda, e esta mudança no campo magnético induz uma força eletromotriz (EMF) ou tensão no próprio condutor ou em condutores próximos. A indutância é uma medida da magnitude desta tensão induzida por unidade de variação da corrente.

Capacitância: - A capacitância é uma propriedade eléctrica fundamental que quantifica a capacidade de um sistema para armazenar carga eléctrica. É uma medida da quantidade de carga que pode ser acumulada num objeto ou num sistema quando é aplicada uma tensão através dele.

Mais precisamente, a capacitância é definida como a razão entre a magnitude da carga eléctrica armazenada num objeto ou num sistema (normalmente designado por condensador) e a magnitude da diferença de potencial elétrico (tensão) aplicada através dele.

Circuito R-L-C: - Em engenharia eléctrica, um circuito RLC consiste em resistências

(R), indutores (L) e condensadores (C) ligados em série ou em paralelo. Quando um circuito RLC é excitado por um sinal de entrada sinusoidal, ele pode exibir uma resposta em estado estacionário, que é o comportamento do circuito após a extinção dos transientes.
A resposta em estado estacionário de um circuito RLC depende da frequência do sinal de entrada e dos valores da resistência, indutância e capacitância. Para fins de explicação, vamos considerar um circuito RLC em série.
Quando uma fonte de tensão sinusoidal é aplicada ao circuito RLC, a corrente que flui através do circuito responderá à tensão aplicada. Em baixas frequências, o indutor domina o comportamento do circuito, enquanto em altas frequências, o capacitor domina. A uma frequência específica, denominada frequência de ressonância, os efeitos indutivos e capacitivos anulam-se mutuamente, resultando num comportamento puramente resistivo.
Para analisar a resposta em estado estacionário, utilizamos a análise fasorial, que representa a tensão e a corrente como números complexos. Os números complexos permitem-nos considerar tanto a amplitude como a fase dos sinais sinusoidais. O método fasorial assume que todas as tensões e correntes no circuito são sinusoidais com a mesma frequência.
Denotemos a amplitude da tensão aplicada por V_m, e a sua fase por ф_у. Da mesma forma, denotamos a amplitude da corrente como I_m e sua fase como ф_Ë Essas quantidades são representadas por números complexos em notação fasorial. Ao aplicar a lei de tensão de Kirchhoff (KVL) ao circuito RLC em série, podemos derivar a seguinte equação fasorial:
V_m = Z_m * I_m, onde Z_m é a magnitude da impedância do circuito, e é dada por: Z_m = √(R^2 + (ωL - 1/(ωC)) ^2)
Nesta equação, R representa a resistência, L representa a indutância, C representa a capacitância e ш é a frequência angular do sinal de entrada (2nf, em que f é a frequência em hertz).
O ângulo de fase ф entre a tensão e a corrente pode ser calculado como:
φ = a tan ((ωL - 1/(ωC))/R)

Depois de obtermos a magnitude e o ângulo de fase, podemos determinar a resposta em estado estacionário do circuito. A magnitude Z_m representa a relação de amplitude entre a tensão e a corrente, enquanto o ângulo de fase ф representa a mudança de fase entre elas.
Eis alguns pontos importantes a ter em conta:
Em baixas freqüências (ш << 1/^(LC)), a reatância indutiva (®L) domina a impedância, e o circuito se comporta de forma semelhante a um circuito RL. A corrente fica atrasada em relação à tensão, e a magnitude da impedância aumenta com a frequência.
A altas frequências (ш >> 1/^(LC)), a reactância capacitiva (1/(шC)) domina a

impedância, e o circuito comporta-se como um circuito RC. A corrente lidera a tensão, e a magnitude da impedância diminui com a frequência.

Na frequência de ressonância (ııı = 1/^(LC)), as reactâncias indutiva e capacitiva anulam-se mutuamente, resultando num comportamento puramente resistivo. A impedância do circuito é mínima e a corrente está em fase com a tensão.

3.5 PROCEDIMENTO:

1. Efetuar as ligações de acordo com o diagrama de circuitos necessário (R-L, R-C, R-L-C)
2. Regular o reóstato para a resistência máxima
3. Colocar o autotransformador na saída zero e ligar a rede eléctrica
4. Ajustar o autotransformador de modo a aplicar uma tensão adequada ao circuito, medir a corrente I e as tensões VR, VL, VC e a tensão de alimentação à saída do Variac.
5. Efetuar diferentes conjuntos de leituras aplicando diferentes tensões.
6. Efetuar os cálculos conforme indicado nos quadros respectivos.

3.6 ALGORITMO PROPOSTO:

Passo 1: Abrir o código do Visual Studio e escrever os códigos HTML para criar a estrutura da página Web. Desenhe o cabeçalho e o rodapé. Desenhe os circuitos em Software Microsoft PowerPoint/VCO/Microsoft Word, etc., e anexar os circuitos no código.

Passo 2 : No fundo do corpo, estamos a adicionar uma imagem sincronizada de forma adequada com os elementos. Adicionamos o contentor do formulário e, em seguida, o contentor da div. O procedimento da experiência é adicionado no contentor da div. Também adicionamos os circuitos no contentor da div.

Passo.3 : A propriedade "On click Image" é utilizada para alterar os botões do circuito. Estamos a adicionar medidores (voltímetro e amperímetro) utilizando JS e CSS. São adicionadas etiquetas de entrada para introduzir os valores de resistência R, indutância L, capacitância C e para as tensões e a corrente manualmente. Em seguida, são adicionadas as tabelas e, para preencher a tabela, é utilizada a propriedade On click.

Passo.4: Para RLC, a fonte de alimentação vs, a corrente I e as tensões são adicionadas na tabela 1st . Para a tabela 2nd , estamos a encontrar Impedância, Reactância, Fator de potência.

Passo 5: Escreva os códigos CSS, para desenhar o fundo da página Web. Utilizando as propriedades de estilo CSS, concluímos todo o design do nosso laboratório virtual.

Passo.6: Em Java Script, são fornecidas as variáveis e os parâmetros necessários para efetuar as experiências com as restrições exigidas. Implemente as funções e execute os circuitos. Se a condição for Se "o interrutor estiver fechado" e, em seguida, fornecer leituras de resistência, indutância, capacitância, a energia é fornecida no amperímetro e no voltímetro e as leituras dos valores serão visíveis.

Passo.7: São dadas fórmulas para encontrar a impedância, a reatância, o fator de potência, etc. e, se o fator de potência estiver entre 0 e 1, podemos concluir que a nossa experiência foi bem sucedida.

3.7 DIAGRAMA DO CIRCUITO

Conceção de laboratórios experimentais e virtuais:

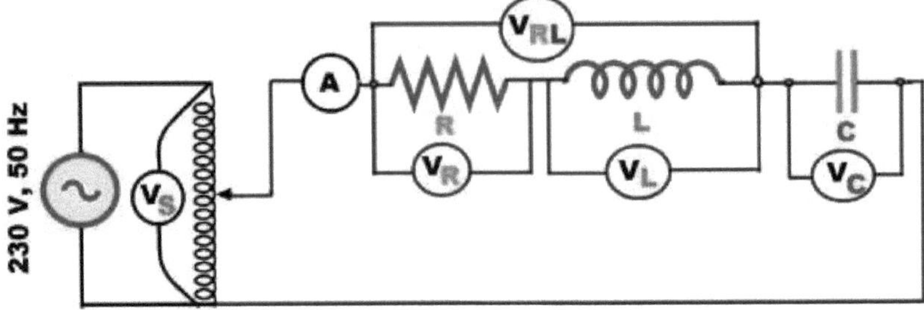

Fig 2: Diagrama básico do circuito RLC em série

Quando uma tensão AC 230 (RMS) é aplicada a um circuito em série R-L-C, R-L, R-C, como se mostra no diagrama de circuito da Fig.2, estabelece-se uma corrente RMS dada pela equação I = VZ, em que Z é a impedância global da combinação em série. No diagrama do circuito, o valor RMS da tensão de alimentação é igual à adição vetorial da tensão através do indutor (VL), da tensão através da resistência (VR) e da tensão através do condensador (VC).

Pode desenhar-se o diagrama fasorial do circuito, que mostra a magnitude e a relação de fase entre as várias tensões e a corrente. Os diagramas fasoriais serão de natureza diferente para cada caso.

Conceção do laboratório virtual proposto e da instalação experimental:

Procedimento:

7 . Efetuar as ligações de acordo com o diagrama de circuitos necessário (R-L, R-C, R-L-C)

8 . Regular o reóstato para a resistência máxima

9 . Colocar o autotransformador na saída zero e ligar a rede eléctrica

10 Ajustar o autotransformador de modo a aplicar uma tensão adequada ao circuito, medir a corrente I e as tensões VR, VL, VC e a tensão de alimentação à saída do Variac.

11 Efetuar diferentes conjuntos de leituras aplicando diferentes tensões.

12 Efetuar cálculos como indicado nos quadros respectivos

13 6 Estudo de caso 1 (para o circuito R-L-C):

Neste caso, a tensão de entrada de 230 V e a frequência de 50 Hz são fornecidas à configuração do circuito R-L-C, depois a tensão de alimentação é ajustada para 50 V. O voltímetro e o amperímetro são ligados à resistência, à indutância e à capacitância para medir a queda de tensão através da resistência (V_R), da indutância (V_L) e da capacitância (V_C). A Fig.3 demonstra a configuração do hardware para a resposta em estado estacionário do circuito R-L-C, onde as tensões são mostradas respetivamente. A corrente RMS I é dada pela equação I= VZ, em que Z é a impedância global da combinação em série.

Fig.3: Configuração experimental para o circuito R-L-C na condição 'ON

A Fig. 4 e a Fig. 5 mostram a configuração virtual do circuito série R-L-C nas condições "off" e "on", respetivamente. Em seguida, a tensão de entrada de 230 V e a frequência de 50 Hz são fornecidas à configuração do circuito R-L-C, depois a tensão de alimentação é ajustada para 50 V. O voltímetro e o amperímetro são ligados à resistência, à indutância e à capacitância para medir a queda de tensão através da resistência (V_R), da indutância (V_L) e da capacitância (V_C). A Fig.5 demonstra a configuração virtual do software de simulação para a resposta em estado estacionário do circuito R-L-C, onde as tensões são mostradas respetivamente. A corrente RMS I é dada pela equação I= VZ, em que Z é a impedância global da combinação em série

Fig.4: Diagrama de blocos do modelo R-L-C proposto quando o interrutor do circuito está na condição 'OFF' (desligado)

Fig.5: Diagrama de blocos do modelo R-L-C proposto quando o interruptor do circuito está na condição 'ON'

Tabela.1: Tabela de observação para o circuito série RLC

Tabela de Observação para Circuito Série RLC

Serial no. of Observation	Power Supply V_S (in Volts)	Current I (in Amp)	V_R (in Volts)	V_L (in Volts)	V_C (in Volts)
1	50.952	0.26547332	24.8137914	35.1885420	3.31445989

Serial no. of Observation	$R = V_R/I$	$Z_L = V_L/I$	$X_L = \sqrt{(Z_L^2 - R^2)}$	$Z = \mid V_S/I \mid$	$\cos\Phi = ((R+r)/Z)$
1	93.47	132.550200	93.9835869	191.928889	0.48700328

As leituras são efectuadas e adicionadas à Tabela 1. A fonte de alimentação vs, a corrente I, a queda de tensão através da resistência (V_R), indutância (V_L), capacitância (V_C) são anotadas. Em seguida, calcula-se a resistência, a impedância, a reatância e o fator de potência. Verificámos que os resultados obtidos através do cálculo dos valores da experiência em hardware e os valores obtidos no laboratório virtual são praticamente os mesmos.

3.7 Estudo de caso 2 (para circuito R-L):

Neste caso, a tensão de entrada de 230 V e a frequência de 50 Hz são fornecidas à configuração do circuito R-L e, em seguida, a tensão de alimentação é ajustada para 50 V. O voltímetro e o amperímetro são ligados à resistência e à indutância, para medir a queda de tensão através da resistência (VR) E da indutância (VL). A Fig.6 mostra a configuração do hardware para a resposta em estado estacionário do circuito R-L, onde as tensões são mostradas respetivamente. A corrente RMS I é dada pela equação I= VZ, em que Z é a impedância global da combinação em série.

Fig.6: Configuração experimental para o circuito R-L na condição 'ON

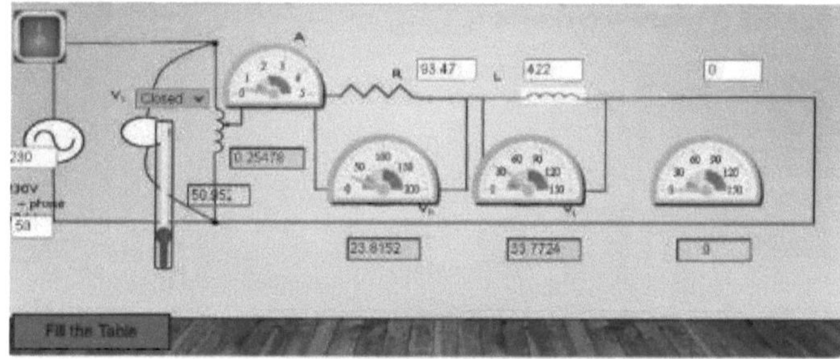

Fig.7: Diagrama de blocos do modelo R-L proposto quando o interrutor do circuito está na condição 'ON'

A Fig.7 mostra a configuração virtual do circuito série R-L em estado "ligado". Em seguida, a tensão de entrada de 230 V e a frequência de 50 Hz são fornecidas à configuração do circuito R-L, depois a tensão de alimentação é ajustada para 50 V. O voltímetro e o amperímetro são ligados à resistência e à indutância para medir a queda de tensão através da resistência (V_R) e da indutância (V_L). A fig.7 demonstra a configuração virtual do software para a resposta em estado estacionário do circuito R-L, onde as tensões são mostradas respetivamente. A corrente RMS I é dada pela equação I= VZ, em que Z é a impedância global da combinação em série.

Tabela.2: Tabela de Observação para Circuito Série RL

Observation Table for RL Series Circuit

Serial no. of Observation	Power Supply V_S (in Volts)	Current I (in Amp)	V_R (in Volts)	V_L (in Volts)
1	50.952	0.25478986	23.8152082	33.7724469

Serial no. of Observation	$R = V_R/I$	$Z_L = V_L/I$	$X_L = \sqrt{(Z_L^2 - R^2)}$	$Z = \mid V_S/I \mid$	$\cos\Phi = ((R+r)/Z)$
1	93.47	132.550200	93.9835869	199.976560	0.46740477

As leituras são efectuadas e adicionadas à Tabela 2. A fonte de alimentação vs, a corrente I, a queda de tensão através da resistência (V_R), a indutância (V_L), são anotadas. Em seguida, calcula-se a Resistência, a Impedância, a Reactância e o fator de potência. Verificámos que os resultados obtidos através do cálculo dos valores da experiência em hardware e os valores obtidos no laboratório virtual são praticamente iguais.

3.8 Estudo de caso 3 (para o circuito R-C):

Fig.8: Configuração experimental para o circuito R-C na condição 'ON

Neste caso, a tensão de entrada de 230 V e a frequência de 50 Hz são fornecidas à configuração do circuito R-C, depois a tensão de alimentação é ajustada para 50 V. O voltímetro e o amperímetro são ligados à resistência e à capacitância para medir a queda de tensão através da resistência (VR) E da capacitância (Vc). A Fig.8 demonstra a configuração do hardware para a resposta em estado estacionário do circuito R-C, onde as tensões são mostradas respetivamente. A corrente RMS I é dada pela equação I= VZ, em que Z é a impedância global da combinação em série.

A Fig.9 mostra a configuração virtual para o circuito série R-C em estado "ligado". Em seguida, a tensão de entrada de 230 V e a frequência de 50 Hz são fornecidas à configuração do circuito R-C, depois a tensão de alimentação é ajustada para 50 V. O voltímetro e o amperímetro são ligados à resistência e à capacitância para medir a queda de tensão através da resistência (V_R) E da capacitância (V_C). A Fig.7 demonstra a configuração virtual do software para a resposta em estado estacionário do circuito R-C, onde as tensões são mostradas respetivamente. A corrente RMS I é dada pela equação *I= VZ*, em que *Z* é a impedância global da combinação em série.

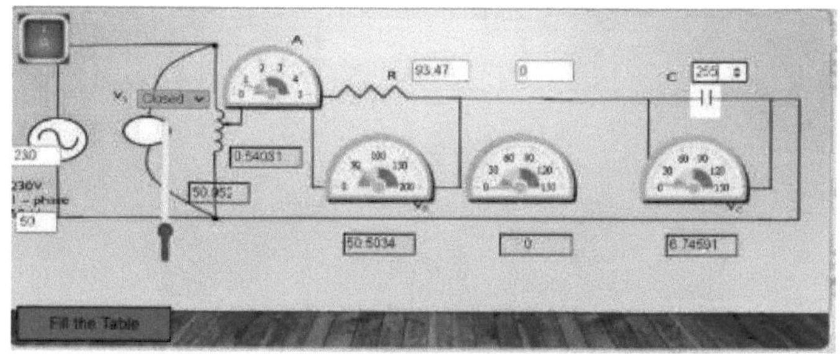

Fig.9: Diagrama de blocos do modelo R-C proposto quando o interrutor do circuito está em
Condição "ON

Tabela.3: Tabela de observação para o circuito RC Série

Tabela de observação para circuito RC em série

Serial no. of Observation	Power Supply V_S (in Volts)	Current I (in Amp)	V_R (in Volts)	V_C (in Volts)
1	50.952	0.54031726	50.5034549	6.74591290
Serial no. of Observation	**$R = V_R/I$**	**$X_C = V_C/I$**	**$Z = \|V_S/I\|$**	**$\cos\Phi = (R/Z)$**
1	93.47	12.4850959	94.3001512	0.99119671

As leituras são efectuadas e adicionadas à Tabela 3. A fonte de alimentação vs, a corrente I, a queda de tensão através da resistência (VR), a capacitância (VC) são anotadas. Em seguida, calcula-se a resistência, a impedância, a reatância e o fator de potência. Verificámos que os resultados obtidos através do cálculo dos valores da experiência de hardware e os valores obtidos no laboratório virtual são praticamente os mesmos.

3.9. Estudo de caso 4 (Análise transitória para circuito R-L-C):

Neste caso, o condensador e o indutor estão inicialmente sem carga e estão em série com uma resistência. O osciloscópio é ligado à configuração do hardware para verificar os resultados gráficos, demonstrados na Fig.10. Quando o interrutor do circuito é fechado no tempo t=0, podemos determinar a solução completa da corrente. Será obtida uma equação diferencial linear de ordem 2nd durante o cálculo. A resistência é fixada no valor de 54 ohm e o indutor será fixado em 40 mH e o condensador é fixado em 3 micro-Farad para obter os resultados desejados para a análise transitória do circuito RLC.

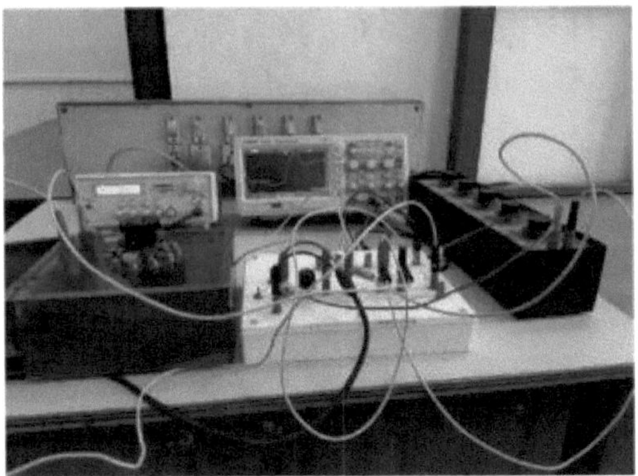

Fig.10: Resposta transitória do circuito RLC

3.10 Estudo de caso 5 (Análise transitória para circuito R-L):

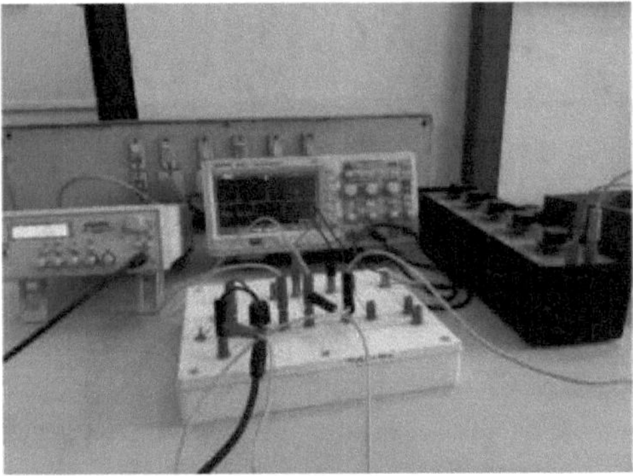

Fig.11: Resposta transitória do circuito RL

Neste caso, o indutor está inicialmente sem carga e está em série com uma resistência. O osciloscópio é ligado à configuração do hardware para verificar os resultados gráficos, demonstrados na Fig.11. Quando o interrutor S está fechado, podemos encontrar a solução completa para a corrente. Aplica-se uma tensão constante ao circuito, apenas quando o interrutor está fechado, e obtém-se uma equação diferencial linear de ordem 1st . A resistência é fixada no valor de 54 ohm e o indutor será fixado em 40 mH para obter os resultados desejados para a análise transitória do circuito R-L.

3.11 Estudo de caso 6 (Análise transitória para circuito R-C):

Neste caso, o condensador está inicialmente sem carga e está em série com uma resistência. O osciloscópio é ligado à configuração do hardware para verificar os resultados gráficos, demonstrados na Fig.12. Quando o interrutor S é fechado em t=0, podemos encontrar a solução completa para a corrente. Será obtida uma equação diferencial linear de ordem 2nd com função complementar, durante o cálculo. O condensador nunca permite variações bruscas de tensão. A resistência é fixada no valor de 54 ohm e o condensador é fixado em 3 micro-Farad para obter os resultados desejados para a análise transitória do circuito R-C. Na Fig. 13, apresenta-se a resposta transitória de saída para o circuito RLC, RL e RC.

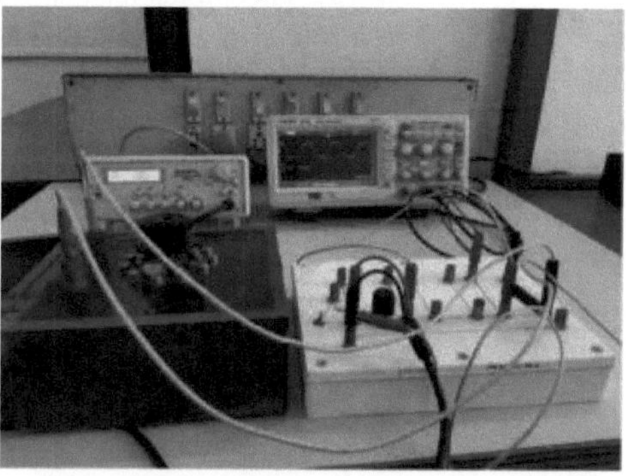

Fig.12: Resposta transitória do circuito RC

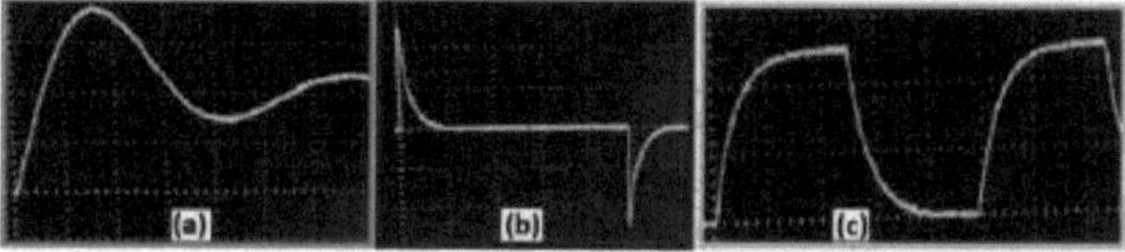

Fig.13: Resposta transitória de (a) circuito RLC (b) circuito RL e (b) circuito RC.

3.12 CONCLUSÃO

O Laboratório Virtual é uma plataforma de experiências em linha, acessível à distância, para várias disciplinas de Engenharia Eletrotécnica. Motiva os estudantes a realizar experiências, despertando a sua curiosidade. Alguns dos contributos importantes deste documento são o desenvolvimento de (a) um sítio Web normalizado para alojar todos os Laboratórios Virtuais, (b) um processo normalizado para o controlo da qualidade, (c) um processo normalizado para os ensaios no terreno, (d) um Sistema de Gestão da Aprendizagem completo, (e) o Wiki e o fórum de programadores, (f) um sítio Web administrativo normalizado para todos os laboratórios, (g) um repositório de todos os documentos relacionados com o trabalho e (h) caraterísticas especiais para a segurança da informação. O Virtual Labs Work também desenvolveu uma nova metodologia para ensaios no terreno, divulgação e controlo de qualidade.

Este circuito RLC provou ser uma demonstração interessante da corrente num circuito sem uma fonte de tensão. A corrente inicial que percorre o circuito é fornecida pelo condensador carregado. No entanto, esta corrente inicial sofre um amortecimento devido à resistência existente, e a corrente que percorre o circuito aproxima-se rapidamente de zero.

Isto ajudá-los-á a aprender conceitos básicos e avançados através da experimentação à distância.

A experiência prática é uma componente importante do processo educativo. No entanto, o tempo e os recursos económicos frequentemente necessários para a criação e construção de laboratórios científicos estão fora do alcance de muitas instituições. Uma solução para este problema poderia ser encontrada na adaptação da tecnologia de Realidade Virtual, que poderia permitir a criação de Laboratórios Virtuais, que simularão os processos e acções que poderiam ter lugar em laboratórios reais. Por exemplo, um laboratório virtual educativo tem como objetivo satisfazer os requisitos de um laboratório real e, além disso, apoiar serviços de comunicação e colaboração. Com a ajuda e a referência desta experiência, podemos realizar outras experiências deste tipo. Isto será muito útil para trabalhos futuros.

Capítulo 4

Conceção de filtros activos

4. CAPÍTULO-4: FILTROS ACTIVOS 4.1 Objetivo: O objetivo desta experiência de laboratório virtual é estudar as caraterísticas e o comportamento de um circuito de filtro ativo passa-alto e passa-baixo.

Os circuitos de filtros activos são um tópico crucial no ensino da eletricidade, eletrónica e processamento de sinais, mas a sua complexidade coloca frequentemente desafios significativos ao ensino tradicional em sala de aula. Os laboratórios virtuais proporcionam uma experiência de aprendizagem imersiva e interactiva sem a necessidade de equipamentos e materiais dispendiosos, oferecendo uma solução para estes desafios. Neste relatório, apresentamos a nossa abordagem à conceção e implementação de um laboratório virtual de circuitos de filtros activos utilizando JavaScript. O nosso laboratório inclui uma placa de ensaio, um gerador de funções, um multímetro e utiliza um motor de simulação para calcular os valores de tensão e frequência dos circuitos. Os laboratórios virtuais são uma ferramenta essencial no ensino da engenharia, proporcionando maior flexibilidade e custos reduzidos.

Os circuitos de filtros activos são um tema fundamental nos domínios da eletrónica e do processamento de sinais. O comportamento dos filtros activos é vital em muitas aplicações electrónicas, tais como amplificadores de áudio, sistemas de comunicação e sistemas de instrumentação. No entanto, a complexidade dos filtros activos torna-os muitas vezes difíceis de ensinar nas salas de aula tradicionais. A implementação de filtros activos requer a utilização de amplificadores operacionais (op-amps) e outros componentes eléctricos e electrónicos, que são dispendiosos e colocam problemas de segurança aos alunos.

Além disso, o surto de COVID-19 teve um enorme impacto no sector da educação em todo o mundo, obrigando as escolas e as universidades a optarem pelo ensino à distância. Para continuar a sua educação a partir de casa, os laboratórios virtuais têm desempenhado um papel fundamental na ajuda aos estudantes. Estes laboratórios oferecem uma vasta gama de experiências, simulações e actividades a que os alunos podem aceder a partir dos seus computadores ou dispositivos móveis. Com os laboratórios virtuais, os alunos podem realizar experiências num ambiente simulado, obter feedback instantâneo e repeti-las várias vezes. Esta abordagem não só os ajuda a compreender melhor os conceitos, como também os prepara para os exames. Além disso, os laboratórios virtuais apoiam as medidas de distanciamento social, uma vez que os alunos não precisam de frequentar laboratórios físicos, minimizando o risco de propagação do vírus. Os laboratórios virtuais também oferecem uma alternativa mais económica aos laboratórios tradicionais, reduzindo os encargos financeiros das escolas e dos alunos.

discutimos como a implementação de filtros activos requer a utilização de opamps e outros componentes electrónicos, o que dificulta o seu ensino em salas de aula tradicionais devido ao equipamento dispendioso necessário e a questões de segurança. Assim, os laboratórios virtuais são uma solução potencial para estes desafios, permitindo aos alunos compreender melhor o assunto sem a necessidade de equipamento dispendioso ou preocupações de segurança. Os filtros activos são utilizados numa variedade de aplicações, incluindo amplificadores de áudio, sistemas de comunicação e sistemas de instrumentação.

Os filtros activos utilizam amplificadores para fornecer funções de amplificação e filtragem. O comportamento dos filtros activos depende da frequência do sinal de entrada, uma vez que filtram as frequências indesejadas e amplificam as frequências desejadas. A conceção e análise de filtros activos requerem um bom conhecimento dos componentes electrónicos, especialmente dos amplificadores operacionais (op-amps). O ensino de circuitos de filtros activos na sala de aula tem sido tradicionalmente difícil por várias razões.

Além disso, os filtros activos são circuitos complexos, o que torna difícil para os alunos compreenderem o seu comportamento sem experiência prática. Consequentemente, os alunos podem não compreender totalmente os conceitos subjacentes aos filtros activos, o que pode afetar a sua capacidade de aplicar os seus conhecimentos em aplicações práticas. Para ultrapassar estes desafios, os laboratórios virtuais foram introduzidos como uma potencial solução. Um laboratório virtual é um ambiente simulado que imita uma experiência laboratorial real. Os laboratórios virtuais permitem aos alunos estudar e experimentar circuitos electrónicos sem equipamento dispendioso ou preocupações de segurança. Isto oferece várias vantagens, incluindo uma maior flexibilidade na programação e disponibilidade, e a capacidade de proporcionar aos alunos uma experiência de aprendizagem mais imersiva e interactiva. O Laboratório Virtual proporciona aos alunos uma experiência prática e uma melhor compreensão de conceitos complexos, como os circuitos de filtros activos.

Por conseguinte, o desenvolvimento de um laboratório virtual para circuitos de filtros activos pode constituir uma ferramenta valiosa para a formação em engenharia. Isto ajuda os estudantes a compreender melhor o comportamento dos filtros activos e dá-lhes experiência prática sem equipamento dispendioso ou preocupações de segurança. Além disso, os laboratórios virtuais podem proporcionar uma maior flexibilidade na programação e disponibilidade, facilitando aos estudantes a aprendizagem ao seu próprio ritmo.

O presente trabalho tem como objetivo apresentar uma nova abordagem para o ensino de circuitos de filtros activos, propondo o desenvolvimento de um laboratório virtual. Esta estratégia inovadora responde às limitações dos métodos de ensino tradicionais e oferece uma forma mais interactiva e eficiente de proporcionar experiência prática aos estudantes na área da engenharia eletrotécnica e eletrónica. O laboratório virtual proposto destina-se a fornecer uma plataforma em linha que permita aos estudantes simular e conceber circuitos de filtros activos com várias especificações e parâmetros e que lhes permita explorar os efeitos de diferentes configurações e componentes no desempenho do circuito. Através desta abordagem, os estudantes podem adquirir conhecimentos práticos e melhorar a sua compreensão dos circuitos de filtragem ativa, conduzindo a melhores resultados de aprendizagem e competências neste domínio.

4.2 Modelo proposto em laboratório virtual para circuitos de filtragem ativa:

O design do Laboratório Virtual de Circuitos de Filtros Activos foi cuidadosamente concebido para criar uma experiência envolvente e interactiva para os alunos. O ambiente do laboratório virtual simula um ambiente de laboratório real, proporcionando aos alunos uma sensação de familiaridade e conforto. Isto é conseguido utilizando vários elementos de interface, como resistências, condensadores e amplificadores operacionais, que são componentes comuns utilizados na engenharia eléctrica e eletrónica.

Tal como no laboratório tradicional, incluímos no laboratório virtual as resistências R1, R, Rf e o condensador C, bem como um amplificador operacional (Op-Amp). A interface do utilizador, ilustrada na Figura 5, foi concebida utilizando a linguagem Hypertext Markup Language (HTML), que permite criar uma estrutura semelhante à de um laboratório físico. A interface do laboratório foi concebida para ser reactiva, adaptando-se a diferentes tamanhos de ecrã e dispositivos, o que proporciona flexibilidade e acessibilidade aos utilizadores. Além disso, o CSS é utilizado para estilizar a interface, tornando-a visualmente apelativa e fácil de utilizar. Os estilos CSS são aplicados aos elementos HTML para alterar o aspeto da interface do laboratório, como a definição das cores do tipo de letra e do fundo e a centralização dos elementos. Além disso, o CSS é utilizado para criar animações e transições, melhorando a experiência do utilizador.

O código lida com as interações do utilizador, tais como adicionar e remover componentes do circuito, gerar sinais de entrada e medir valores de tensão e corrente. O mecanismo de simulação também é implementado usando JavaScript, que calcula os valores de tensão e frequência no circuito com base nos sinais de entrada e nos parâmetros do circuito.

O código JavaScript está organizado em funções, cada uma responsável por uma tarefa específica, como a construção de circuitos, a geração de sinais de entrada e o cálculo de valores de tensão e de frequência de corte.

Na conceção de filtros activos, a frequência de corte é um parâmetro crucial que determina a resposta em frequência do filtro. Para um filtro ativo passa-alto de primeira ordem, a frequência de corte é dada por:

$$f_{cut} = \frac{1}{2\pi RC} \qquad (1)$$

em que **R** é a resistência e **C** é a capacitância do filtro.

A tensão de saída de um filtro ativo passa-alto pode ser calculada utilizando a seguinte fórmula:

$$V_{out} = \left(\frac{R_f}{R_{in}}\right) V_{in} \qquad \text{...(2)}$$

em que R_f é a resistência de retorno e R_{in} **é a resistência de entrada do filtro.**

V_{in} **é a tensão de entrada.**

O ganho em circuito fechado de um filtro ativo passa-alto é dado por:

$$A_{closed} = -\left(\frac{R_f}{R_{in}}\right) \quad \text{...(3)}$$

Para um filtro passa-baixo ativo de primeira ordem, a frequência de corte é dada pela mesma fórmula que a do filtro passa-alto:

$$f_{cut\_low} = \frac{1}{2\pi RC} \quad \text{..(4)}$$

A tensão de saída de um filtro ativo passa-baixo pode ser calculada utilizando a seguinte fórmula:

$$V_{out\_low} = \left(\frac{R_f}{R_{in}}\right)V_{in} \quad \text{...(5)}$$

O ganho em circuito fechado de um filtro ativo passa-baixo é dado por:

$$A_{closed\_low} = -\left(\frac{R_f}{R_{in}}\right) \quad \text{..(6)}$$

Estas fórmulas são codificadas em JavaScript e os valores das experiências são normalizados com valores experimentais reais para otimizar os resultados das experiências. Depois de obter os dados de entrada, os dados são recolhidos e armazenados em formato de gráfico.

O processo de implementação de gráficos a partir de dados de tabela em JavaScript envolve várias etapas:

- **Recolha de dados de uma tabela**: O primeiro passo é recolher dados de uma tabela gerada pela simulação em código JavaScript que pode ser utilizado para aceder e recuperar valores de elementos da tabela Recolha de dados.
- **Formatação dos dados:** Os dados podem ter de ser formatados ou transformados para serem compatíveis com a biblioteca de mapas utilizada. Por exemplo, algumas bibliotecas de mapas podem exigir que os dados estejam num formato específico, como uma matriz de objectos com propriedades x e y.
- **Seleção de uma biblioteca de mapas:** Existem várias bibliotecas de mapeamento disponíveis em JavaScript, tais como Chart.js, Plotly.js e D3.js. A escolha da biblioteca dependerá dos requisitos específicos do trabalho, como o tipo de mapa necessário, o nível de personalização exigido e o tamanho do conjunto de dados.

Algoritmo proposto para circuitos de filtros activos:

1. **Identificar os requisitos do laboratório**: os requisitos do laboratório devem ser identificados, englobando o objetivo do laboratório, as necessidades experimentais e o equipamento e materiais necessários.
2. **Desenvolver um wireframe**: Esboçar a disposição e o design do laboratório virtual utilizando uma ferramenta de wireframe.

3. **Criar uma estrutura HTML básica**: É criada uma estrutura HTML básica, com o cabeçalho, o rodapé e as principais áreas de conteúdo estabelecidas.
4. **Estilizar o laboratório virtual utilizando CSS:** Para melhorar a estética e a funcionalidade, as CSS são utilizadas para estilizar os elementos HTML, incluindo o esquema de cores, os tipos de letra e a disposição.
5. **Integrar JavaScript:** Utilizar o JavaScript para adicionar interatividade ao laboratório virtual, incluindo animações, elementos interactivos e validação.
6. **Utilize o jQuery para simplificar a codificação JavaScript:** Aproveite o poder do jQuery para simplificar os meandros da programação JavaScript, abrangendo diversos aspectos como o tratamento de eventos, a manipulação dinâmica do Modelo de Objeto de Documento (DOM) e a execução perfeita de solicitações assíncronas de JavaScript e XML (AJAX).
7. **Recolher e armazenar dados:** Recolher dados das experiências do laboratório virtual e armazená-los numa base de dados ou folha de cálculo.
8. **Recuperar dados com JavaScript:** Utilize o JavaScript para recuperar os dados recolhidos da base de dados ou da folha de cálculo.
9. **Criar tabelas com HTML e CSS:** Utilize HTML e CSS para criar tabelas para apresentar os dados recolhidos.
10. **Estilizar tabelas com CSS:** Utilize CSS para estilizar a tabela, incluindo as cores, os contornos e os tipos de letra.
11. **Utilize o Plotly.js para criar gráficos**: Utilize o Plotly.js para criar gráficos interactivos e visualmente apelativos para apresentar os dados recolhidos.
12. **Incorporar os gráficos do Plotly.js no HTML:** Incorporar os gráficos Plotly.js no HTML do laboratório virtual, certificando-se de que são reactivos e visualmente apelativos.
13. **Configurar gráficos do Plotly.js com JavaScript:** Use o JavaScript para configurar os gráficos do Plotly.js, incluindo o layout, os eixos e os dados.
14. **Personalize os gráficos do Plotly.js com CSS:** Utilize CSS para personalizar o aspeto dos gráficos do Plotly.js, incluindo as cores, os tipos de letra e a disposição.
15. **Testar e depurar:** Teste a recolha de dados, a criação de tabelas e as funcionalidades de plotagem de gráficos quanto à funcionalidade, ao desempenho e à facilidade de utilização, e depure quaisquer problemas que surjam.
16. **Otimizar o desempenho:** Optimize o desempenho do laboratório virtual, assegurando que este é carregado de forma rápida e eficiente e que os dados e gráficos são apresentados atempadamente.

Materiais:

- Página web do simulador de circuitos virtuais.
- Computador ou dispositivo móvel com acesso à Internet.

Procedimento:

1. Clique na página Web do simulador de circuitos virtuais no seu computador ou dispositivo móvel.
2. Selecione os componentes necessários na biblioteca do simulador, incluindo um

amplificador operacional (op-amp), resistências, condensadores e fonte de alimentação.

3. Ligue os componentes para formar um circuito de filtro ativo passa-baixo utilizando a interface do simulador de circuitos virtuais.
4. Defina os valores das resistências e condensadores de acordo com a frequência de corte pretendida e as caraterísticas do filtro.
5. Aplicar um sinal sinusoidal de entrada de frequência e amplitude conhecidas à entrada do circuito.
6. Observar o sinal de saída através do terminal de saída do circuito utilizando o osciloscópio do simulador ou o analisador de sinais.
7. Ajustar a frequência do sinal de entrada e registar a amplitude correspondente do sinal de saída para diferentes frequências.
8. Repetir os passos 5-7 para várias frequências de entrada que abranjam uma gama de interesse.
9. Analisar os dados registados para observar o comportamento do filtro ativo passa-baixo.
10. Trace um gráfico da frequência de entrada (eixo x) versus a amplitude do sinal de saída (eixo y) utilizando os pontos de dados recolhidos.
11. Determine a frequência de corte do filtro, que é a frequência à qual a amplitude do sinal de saída diminui numa quantidade especificada (por exemplo, -3 dB) em comparação com a amplitude do sinal de entrada.
12. Comparar a frequência de corte experimental com o valor teórico calculado com base nos valores dos componentes utilizados no circuito.

4.3 . DIAGRAMA DE CIRCUITO / RESULTADOS e OUTPUT

O diagrama do circuito, os resultados e a saída do modelo proposto são os seguintes

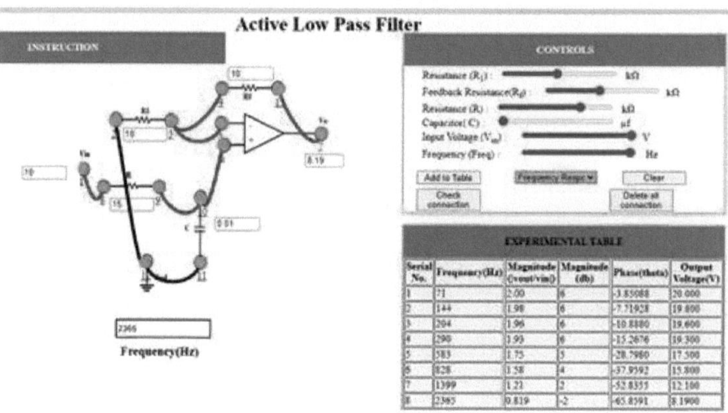

Serial No.	Frequency(Hz)	Magnitude (vout/vin)	Magnitude (db)	Phase(theta)	Output Voltage(V)
1	71	2.00	6	-3.85088	20.000
2	144	1.98	6	-7.71928	19.800
3	204	1.96	6	-10.8880	19.600
4	290	1.93	6	-15.2676	19.300
5	583	1.75	5	-28.7980	17.500
6	828	1.58	4	-37.9592	15.800
7	1399	1.21	2	-52.8335	12.100
8	2365	0.819	-2	-65.8591	8.1900

Fig.5: Diagrama do circuito, resultados e saída do filtro ativo passa-baixo

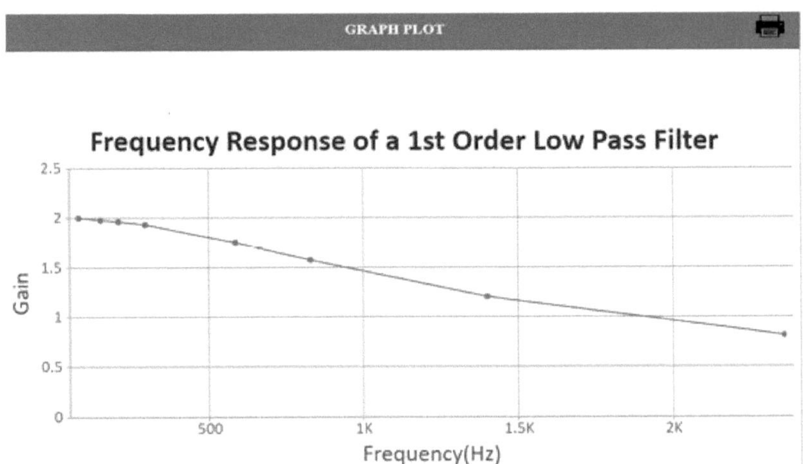

Fig.6: Gráfico da frequência de 1st filtro passa-baixo de ordem

4.4 Simulação e resultados experimentais (avaliação):

Uma das principais caraterísticas do Laboratório Virtual do Circuito de Filtro Ativo é a capacidade de gerar resultados utilizando tabelas e gráficos em JavaScript. Isso permite que os alunos visualizem o comportamento do circuito e entendam melhor como ele funciona. Ao executar uma simulação, o código JavaScript calcula os valores de tensão e o valor da frequência de corte no circuito com base nos sinais de entrada e nos parâmetros do circuito. Esses valores são então exibidos em forma de tabela, com colunas que representam a frequência, a magnitude do ganho, a magnitude (em dB), a fase e a tensão de saída.

Tabela 3 (a) e (b): Tabela de observação do filtro ativo passa-alto e do filtro ativo passa-baixo.

Cut-off Frequency 1.06 kHz

Serial No.	Frequency(Hz)	Magnitude (|vout/vin|)	Phase(theta)	Output Voltage(V)
1	50	0.0947	-2.71574	0.94700
2	71	0.134	-3.85088	1.3400
3	101	0.190	-5.45631	1.9000
4	144	0.269	-7.71928	2.6900
5	204	0.378	-10.8880	3.7800
6	243	0.446	-12.9059	4.4600
7	411	0.722	-21.1743	7.2200
8	695	1.10	-33.2193	11.000
9	1174	1.48	-47.9133	14.800

Serial No.	Frequency(Hz)	Magnitude (|vout/vin|)	Magnitude (db)	Phase(theta)	Output Voltage(V)
1	50	2.00	6	-2.71574	20.000
2	71	2.00	6	-3.85088	20.000
3	121	1.99	6	-6.49158	19.900
4	290	1.93	6	-15.2676	19.300
5	490	1.82	5	-24.7708	18.200
6	828	1.58	4	-37.9592	15.800
7	1667	1.07	1	-57.5327	10.700
8	2365	0.819	-2	-65.8591	8.1900

4.5 Conclusão: Neste trabalho de investigação, apresentámos o nosso método de conceção e implementação de um laboratório virtual de circuitos de filtros activos utilizando JavaScript. O laboratório virtual proporciona aos alunos um ambiente simulado para estudar e experimentar circuitos eléctricos e electrónicos sem necessidade de equipamento dispendioso ou preocupações de segurança.

Avaliámos o laboratório virtual através de uma pesquisa de utilizadores com estudantes de engenharia e de quaisquer ciências e concluímos que é muito eficaz no ensino do tema dos filtros activos. O laboratório virtual oferece várias vantagens, incluindo maior flexibilidade e custos reduzidos, tornando-o uma ferramenta valiosa no ensino da engenharia e das ciências.

Os laboratórios virtuais dão aos alunos acesso a tecnologia de ponta, permitindo-lhes experimentar ferramentas futuristas como simulações e microscópios virtuais. Estes laboratórios eliminam a necessidade de equipamento desatualizado e as restrições de financiamento, permitindo aos alunos competir com os seus pares utilizando laboratórios alimentados por IA e técnicas de ensino modernas. Os laboratórios oferecem uma forma eficaz de cobrir vários aspectos do currículo do curso com aplicações práticas, melhorando a compreensão dos alunos de conceitos teóricos complexos através de experiências visuais e imersivas. Os laboratórios também oferecem versatilidade de aprendizagem, permitindo aos alunos estudar e realizar experiências ao seu próprio ritmo, a qualquer hora e em qualquer lugar.

Em conclusão, o desenvolvimento de laboratórios virtuais para o ensino da engenharia é uma abordagem promissora para melhorar a aprendizagem dos alunos e a compreensão de temas complexos como os circuitos de filtros activos.

Capítulo 5

Caraterísticas V-I do díodo de silício

5.1 CAPÍTULO-4: CARACTERÍSTICAS V-I DO DÍODO DE SILÍCIO

Objetivo: O objetivo desta experiência virtual é verificar se, no final da experiência, o aluno é capaz de explicar a estrutura de um díodo de junção P-N.

5.2 Estrutura do díodo de junção P-N

O díodo é um dispositivo formado por uma junção de material semicondutor do tipo n e do tipo p. O condutor ligado ao material do tipo p é designado por ânodo e o condutor ligado ao material do tipo n é o cátodo. Em geral, o cátodo de um díodo é marcado por uma linha sólida no díodo.

5.3 Função de um díodo de junção P-N em polarização direta:

O terminal positivo da bateria é ligado ao lado P (ânodo) e o terminal negativo da bateria é ligado ao lado N (cátodo) de um díodo, os buracos na região tipo p e os electrões na região tipo n são empurrados para a junção e começam a neutralizar a zona de depleção, reduzindo a sua largura. O potencial positivo aplicado ao material do tipo p repele os buracos, enquanto o potencial negativo aplicado ao material do tipo n repele os electrões. A mudança de potencial entre o lado p e o lado n diminui ou muda de sinal. Com o aumento da tensão de polarização direta, a zona de depleção torna-se suficientemente fina para que o campo elétrico da zona não possa contrariar o movimento dos portadores de carga através da junção p-n, o que, consequentemente, reduz a resistência eléctrica. Os electrões que atravessam a junção p-n para o material tipo p (ou os buracos que atravessam para o material tipo n) difundem-se para a região neutra próxima. A quantidade de difusão minoritária nas zonas quase neutras determina a quantidade de corrente que pode fluir através do díodo.

5.4 Função de um díodo de junção P-N em polarização inversa: O terminal positivo da bateria está ligado ao lado N (cátodo) e o terminal negativo da bateria está ligado ao lado P (ânodo) de um díodo. Por conseguinte, fluirá muito pouca corrente até o díodo se avariar.

O terminal positivo da bateria é ligado ao lado N (cátodo) e o terminal negativo da bateria é ligado ao lado P (ânodo) de um díodo, os "buracos" no material do tipo p são afastados da junção, deixando para trás iões carregados e fazendo com que a largura da região de depleção aumente. Do mesmo modo, como a região do tipo n está ligada ao terminal positivo, os electrões também serão afastados da junção, com um efeito semelhante. Isto aumenta a barreira de tensão, causando uma elevada resistência ao fluxo de portadores de carga, permitindo assim que uma corrente eléctrica mínima atravesse a junção p-n. O aumento da resistência da junção p-n faz com que a junção se comporte como um isolante.

A intensidade do campo elétrico da zona de depleção aumenta à medida que a tensão de polarização inversa aumenta. Assim que a intensidade do campo elétrico aumenta para além de um nível crítico, a zona de depleção da junção p-n rompe-se e a corrente começa a fluir, normalmente através dos processos de rutura Zener ou de avalanche. Ambos os processos de rutura não são destrutivos e são reversíveis, desde que a quantidade de corrente que flui não atinja níveis que provoquem o sobreaquecimento do material semicondutor e causem danos térmicos.

5.5 Caraterísticas de polarização direta e inversa de um díodo de silício:

Na polarização para a frente, o terminal positivo da bateria é ligado ao lado P e o terminal negativo da bateria é ligado ao lado N do díodo. O díodo conduzirá na polarização para a frente porque a polarização para a frente diminuirá a largura da região de depleção e ultrapassará o potencial de barreira. Para conduzir, a tensão de polarização para a frente deve ser superior ao potencial de barreira. Durante a polarização para a frente, o díodo actua como um interrutor fechado com uma queda de potencial de cerca de 0,6 V para um díodo de silício. As caraterísticas de polarização direta e inversa de um díodo de silício. A partir do gráfico, pode reparar que o díodo começa a conduzir quando a tensão de polarização direta excede cerca de 0,6 volts (para o díodo de Si). Esta tensão é designada por tensão de corte.

Na polarização inversa, o terminal positivo da bateria é ligado ao lado N e o terminal negativo da bateria é ligado ao lado P de um díodo. Na polarização inversa, o díodo não conduz eletricidade, uma vez que a polarização inversa conduz a um aumento da largura da região de depleção; assim, as cargas portadoras de corrente têm mais dificuldade em ultrapassar o potencial de barreira. O díodo actua como um interrutor aberto e não há fluxo de corrente.

Equação do díodo

Nas regiões polarizada para a frente e polarizada para trás, a corrente (If) e a tensão (Vf) de um díodo semicondutor estão relacionadas pela equação do díodo:

$$I_f = I_s \times \left(e^{\frac{Vf}{n*Vt}} - 1\right) \ldots\ldots\ldots\ldots\ldots\ldots\ldots\ldots\ldots\ldots (1)$$

Onde,

I é a corrente de saturação inversa ou corrente de fuga,

É a corrente que atravessa o díodo (corrente de avanço),

vf é a diferença de potencial entre os terminais do díodo (tensão de avanço)

Vt é a tensão térmica, dada por

$$V_t = k \times \frac{T}{q} \ldots\ldots\ldots\ldots\ldots\ldots\ldots\ldots\ldots\ldots\ldots\ldots\ldots\ldots (2)$$

e

k é a constante de Boltzmann = 1,38x10-23 J /Kelvin,

q é a carga eletrónica = 1,6x10-19 joules/volt (Coulombs),

T é a temperatura absoluta em Kelvin (K = 273 + temperatura em °C),

À temperatura ambiente (25 °C), a tensão térmica é de cerca de 25,7 mV,

n é uma constante empírica entre 0,5 e 2

A constante empírica, n, é um número que pode variar de acordo com os níveis de tensão e corrente. Depende da deriva de electrões, da difusão e da recombinação de portadores na região de depleção. Entre as grandezas que afectam o valor de n estão o fabrico do díodo, os níveis de dopagem e a pureza dos materiais.

Se n=1, o valor de kxTq

é de 26 mV a 25°C.

Quando n=2, o valor de kxTq

passa a ser 52 mV. Para díodos de germânio, n é normalmente considerado próximo de 1. Para díodos de silício, n situa-se na gama de 1,3 a 1,6.

5.6 Procedimento:

1. **Díodo Forward Bias-Si**
2. Definir a tensão CC para 0,2 V.
3. Selecionar o díodo.
4. Definir a resistência.
5. O voltímetro é colocado em paralelo com o díodo de silício e o amperímetro em série com a resistência.
6. O lado positivo da bateria para o lado P (ânodo) e o negativo da bateria para o lado N (cátodo) do díodo.
7. Agora varie a tensão até 5V e anote a leitura do voltímetro e do amperímetro para uma determinada tensão DC.
8. Faça as leituras e anote a leitura do voltímetro através do díodo de silício e a leitura do amperímetro.
9. Traçar o gráfico V-I e observar a alteração.
10. Calcule a resistência dinâmica do díodo. R d=AV/AI
11. Assim, a partir do gráfico, vemos que o díodo começa a conduzir quando a tensão de polarização direta excede cerca de 0,6 volts (para o díodo de Si). Esta tensão é designada por tensão de corte.

- Díodo de polarização inversa-Si

1. Definir a tensão CC para 0,2 V.
2. Selecionar o díodo.
3. Definir a resistência.
4. O voltímetro é colocado em paralelo com o díodo de silício e o amperímetro em série com a resistência.
5. O terminal positivo da bateria está ligado ao lado N (cátodo) e o terminal negativo da bateria está ligado ao lado P (ânodo) de um díodo.
6. Agora varie a tensão até 30V e anote a leitura do voltímetro e do amperímetro para a tensão CC.
7. Faça as leituras e anote a leitura do voltímetro através do díodo de silício e a leitura do amperímetro.
8. Traçar o gráfico V-I e observar a alteração.

5.7 Proposta de algoritmo para desenvolver a lei de Ohm em Laboratório Virtual:

1. **Configurar a estrutura HTML:** Criar um ficheiro HTML e adicionar a estrutura HTML necessária. Configure secções para a interface do laboratório, circuito, controlos de polarização e registo de dados. Inclua elementos HTML adequados, como botões, entradas e contentores, em cada secção.
2. **Estilize a interface usando CSS:** Crie um arquivo CSS e vincule-o ao arquivo HTML. Aplique estilos CSS para personalizar a aparência da interface do laboratório. Use seletores CSS para direcionar elementos específicos e aplicar estilos conforme

necessário.

3. **Implementar a visualização do circuito e do díodo:** Crie um diagrama de circuito usando HTML e CSS, representando o diodo e outros componentes. Use propriedades CSS como bordas, formas e cores para representar visualmente o diodo e os elementos do circuito. Posicione os elementos no contentor do circuito utilizando o posicionamento CSS ou a disposição em grelha.

4. **Manipular os controlos de polarização utilizando JavaScript:** Utilize JavaScript para tratar as interações do utilizador com os controlos de polarização. Adicione ouvintes de eventos aos botões de polarização direta e polarização reversa. Recupere os valores introduzidos pelo utilizador nos campos de entrada para valores de tensão. Realizar cálculos ou simulações para determinar o comportamento do diodo com base na tensão aplicada.

5. **Atualizar a visualização do diodo:** Utilize JavaScript para atualizar a representação visual do díodo com base nas condições de polarização. Aplique classes CSS ou modifique propriedades CSS dinamicamente para refletir o estado de polarização direta do diodo. Atualize o diagrama do circuito para indicar visualmente o

direção do fluxo de corrente.

6. **Registar e apresentar dados:** Criar estruturas de dados ou matrizes para armazenar os dados registados. Atualizar as estruturas de dados com os dados relevantes, como a tensão aplicada e a corrente do díodo. Atualizar dinamicamente os dados apresentados utilizando JavaScript, modificando os elementos HTML ou criando novos elementos.

7. **Analisar dados e exibir resultados:** Efectue cálculos de análise de dados utilizando JavaScript com base nos dados registados. Calcular a corrente média, a queda de tensão ou outras métricas relevantes. Atualizar elementos HTML com os resultados da análise, como a apresentação da corrente média ou da queda de tensão.

8. **Testar e aperfeiçoar:** Teste a funcionalidade do laboratório virtual executando-o num navegador Web. Depurar quaisquer problemas ou erros que surjam durante o teste. Aperfeiçoe o código e a interface do utilizador com base no feedback do utilizador ou em requisitos adicionais. Lembre-se de que esta é uma visão geral de alto nível e que os detalhes específicos de implementação dependerão das suas preferências e requisitos de conceção. Pode consultar os recursos e a documentação online para obter orientações mais aprofundadas sobre HTML, CSS e JavaScript para o ajudar a criar o laboratório virtual.

5.8 DIAGRAMA DO CIRCUITO

O diagrama do circuito do modelo proposto é o seguinte:

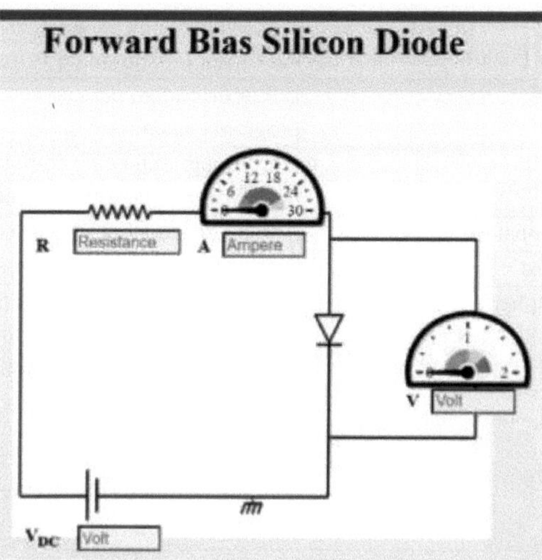

Fig.7: Diagrama de circuito do díodo de silício de polarização direta

5.9 RESULTADOS e RESULTADOS

Os resultados e a produção do modelo proposto são os seguintes:

Tabela-4: Tabela de observação do díodo de silício de polarização direta

EXPERIMENTAL TABLE		
Serial No.	Forward Voltage(Volt)	Forward Current(mAmp)
1	0	0
2	0.530	0.100
3	0.539	0.402
4	0.549	0.904
5	0.562	1.81
6	0.567	2.31
7	0.570	2.71
8	0.574	3.22
9	0.576	3.62
10	0.579	4.12

5.10 Conclusão: Em conclusão, o laboratório virtual sobre a polarização direta de um díodo de silício proporcionou uma exploração abrangente do comportamento e das caraterísticas de um díodo em condições de polarização direta. Através desta simulação interactiva, os participantes adquiriram uma compreensão mais profunda da resposta do díodo a uma tensão positiva aplicada ao ânodo e a uma tensão negativa aplicada ao cátodo.

5.11 PORMENORES DOS COMPONENTES NECESSÁRIOS

Número de série.	Nome do componente	Descrição
1	HTML, CSS, JAVASCRIPT	Tecnologias Web para criar o frontend das

		experiências.
2	Biblioteca JSPlumb	Para fazer o diagrama do circuito na experiência
3	Código VS	Editor de código para escrever os códigos do programa e depurar
4	Bootstrap	Estrutura gratuita e de código aberto para desenvolvimento de front-end
5	Ícones Bootstrap	Ajuda a representar vários ícones
6	000webhost	É utilizado para alojar o trabalho
7	Plotly Grapher	Biblioteca para traçar os gráficos utilizando as leituras efectuadas
8	jQuery	É uma pequena e rápida biblioteca de scripts Java que tem sido utilizada para a manipulação do DOM

Capítulo 6

Conclusão e trabalho futuro

6.1 Lista de experiências realizadas

1. Caraterísticas da Lei de Ohm
2. Filtro passa-alto ativo
3. Filtro passa-baixo ativo
4. Filtro passa-alto passivo
5. Filtro passa-baixo passivo
6. Resposta em estado estacionário do circuito RLC, RL, RC
7. Análise de circuitos RLC
8. Caraterísticas V-I do díodo de silício de polarização direta
9. Caraterísticas V-I do díodo de silício de polarização inversa

6.2 APLICAÇÕES:

A. Como se trata de uma configuração virtual, um grande número de estudantes pode aceder simultaneamente às experiências, resolvendo eficazmente a questão dos recursos limitados.

B. Uma simples ligação à Internet e um computador/dispositivo móvel são suficientes para os alunos acederem ao laboratório virtual.

C. Permite o desempenho remoto a partir de qualquer local.

D. Os laboratórios virtuais são amplamente reconhecidos como aplicações cruciais de aprendizagem eletrónica em instituições de ensino e investigação. Dão aos estudantes a oportunidade de realizar experiências em vários domínios científicos, sem quaisquer riscos e sem necessidade de supervisão humana, através da utilização de aplicações informáticas.

E. Pode ser alargado a outras disciplinas académicas.

F. Fornece feedback imediato em caso de erros de ligação.

G. Funciona como um valioso recurso de aprendizagem durante períodos de pandemia, como a situação da Covid-19, quando o acesso físico ao laboratório é restrito.

6.3 CONCLUSÃO

A iniciativa do Laboratório Virtual transformou a Engenharia Eletrotécnica com a sua plataforma de experiências em linha acessível. Despertou a curiosidade e o envolvimento, ao mesmo tempo que contribuiu significativamente para o domínio. O sítio Web unificado e o Sistema de Gestão da Aprendizagem proporcionam um acesso fácil a vários Laboratórios Virtuais. Os processos de controlo de qualidade e as metodologias normalizadas garantem experiências virtuais fiáveis. Caraterísticas avançadas, como protocolos seguros e encriptação, dão prioridade à segurança dos dados. O Wiki e o fórum de programadores facilitam a colaboração e a inovação. A experimentação remota permite aos estudantes explorar ativamente conceitos fundamentais e avançados. A iniciativa do Laboratório Virtual revoluciona o ensino da engenharia ao oferecer uma plataforma acessível, segura e envolvente para experiências. Permite que os estudantes se aprofundem, promovendo uma base sólida em Engenharia Eletrotécnica.

Em suma, a iniciativa do Laboratório Virtual é um testemunho indiscutível do seu potencial inabalável para redefinir o panorama do ensino da engenharia. Através da sua plataforma acessível, segura e cativante, não só capacita os estudantes como revoluciona o seu percurso educativo, transmitindo-lhes um zelo desenfreado pela exploração e descoberta. Ao instigar uma mudança de paradigma através da estimulação da curiosidade e do fornecimento de experiências práticas, este empreendimento pioneiro lança as bases para um domínio inabalável dos princípios da Engenharia Eléctrica e promove o desenvolvimento de uma formidável base de conhecimentos.

6.4 . ÂMBITO FUTURO

O futuro dos laboratórios virtuais é brilhante, prometendo uma revolução na educação e na investigação em diversos domínios. À medida que a tecnologia avança a um ritmo impressionante, os laboratórios virtuais estão preparados para se tornarem componentes vitais dos ambientes de aprendizagem e da exploração científica. O seu âmbito futuro abrange múltiplas facetas. Melhoram a acessibilidade, ultrapassando barreiras geográficas e capacitando estudantes e investigadores remotos. Promovem a relação custo-eficácia, diminuindo a dependência de equipamentos e infra-estruturas dispendiosos. Os avanços nas tecnologias de RV e RA oferecem experiências imersivas, permitindo aos utilizadores manipular aparelhos virtuais e realizar experiências. A colaboração e a experimentação remota promovem o intercâmbio interdisciplinar de conhecimentos. Os laboratórios virtuais proporcionam um ambiente seguro, eliminando perigos e riscos. As ferramentas integradas de análise e visualização de dados aprofundam a compreensão e as capacidades de investigação. A personalização responde a necessidades específicas.

Em suma, o futuro do laboratório virtual tem um potencial transformador, revolucionando a educação e a investigação através de plataformas flexíveis e expansíveis para a aprendizagem experimental, a colaboração e a descoberta.

Lista de referências

1. Oskay, C., & Karatas, M. (2019). A eficácia do laboratório virtual no ensino de processamento de sinais digitais. Revista Internacional de Pedagogia da Engenharia, 9(3), 58-72.

2. Y. L. Wong e M. H. Cheung, "A virtual laboratory for teaching active filter circuits," IEEE Transactions on Education, vol. 52, no. 2, pp. 224-230, maio de 2009.

3. S. L. Lim, S. S. Gooi, and L. Y. Lim, "Design and development of a virtual laboratory for power electronics education," IEEE Transactions on Education, vol. 51, no. 3, pp. 358-364, Aug. 2008.

4. A.I. Masoud e R. J. Marks II, "A virtual laboratory for teaching digital signal processing," IEEE Transactions on Education, vol. 48, no. 4, pp. 696-705, Nov. 2005.

5. H. A. Wahab, N. A. Osman, e R. Ahmad, "Virtual laboratory for power system protection education," IEEE Transactions on Education, vol. 57, no. 2, pp. 84-92, maio de 2014.

6. M. Y. Abouheaf, "Um laboratório virtual para o ensino de máquinas eléctricas e eletrónica de potência," International Journal of Electrical Engineering Education, vol. 53, n.º 2, pp. 149-162, Abr. 2016.

7. M. G. Bellanger, S. Aubry e P. R. Giordano, "Introducing Active Filter Circuits using an Interactive Software Environment", IEEE Transactions on Education, vol. 62, n.º 2, pp. 149-156, maio de 2019.

8. M. H. Rashid, Power Electronics: Circuits, Devices and Applications, 3ª ed. Upper Saddle River, NJ: Pearson Education, 2003.

9. "Virtual Electrical and Electronics Lab" por Pradip Mandal, IJECS Volume 6 Edição 6 junho de 2017.

10. Conceção de um laboratório virtual para a engenharia eletrotécnica e eletrónica por Muhammad Shahid Nawaz e Zhi-Qiang Feng, Journal of Computers in Education, Volume 2, Número 1, março de 2015

11. www.w3schools.com

12. www.stackoverflow.com

13. www.wikipedia.com

14. www.getbootstrap.com

15. Circuito Integrado Linear por D. Roy Chowdhury e Shail Bala Jain

16. Rajendran, Lavanya & Veilumuthu, Ramachandran & RAMACHANDRAN, (2010). Um estudo sobre a eficácia do laboratório virtual na aprendizagem eletrónica. Revista Internacional de Informática e Engenharia. 2.

17. S. Sivakumar, W. Robertson, M. Artimy e N. Aslam, "Um laboratório interativo remoto baseado na Web para o ensino de Internetworking", IEEE Trans. Educ., vol. 48, no. 4, pp. 586-598, Nov. 2005

18. L. D. Feisel, and A. J. Rosa, "The role of the laboratory in undergraduate engineering education", Journal of Engineering. Education, pp. 121-130, Jan. 2005. DOI: 10.1002/j.2168-9830.2005.

19. Carlos Eduardo Pereira, Suenoni Paladini & Frederico Menine Schaf, "Educação

em Engenharia de Controle e Automação: combinando laboratórios físicos, remotos e virtuais", IEEE conf.20-23 março 2012, DOI: 10.1109/SSD.2012.6197908.

20. K. A. Smith, "The Craft of Teaching Cooperative Learning: An Active Learning Strategy," in Proceedings of the Conference Frontiers in Education, Pittsburg, USA, pp. 188 - 193, Nov. 1989.DOI: 10.1109/FIE.1989.69400.

21. Mrityunjay Kumar, Jessica Emory, Venkatesh Choppella, "Análise da usabilidade dos laboratórios virtuais". 2018 IEEE 18th Conferência Internacional sobre Tecnologias Avançadas de Aprendizagem. DOI: 10.1109/ICALT.2018.00061

22. Suzana Uran; Karel Jezernik. Laboratório virtual para experiências de design de controlo criativo. Publicado em: IEEE Transactions on Education (Volume: 51, Edição: 1, fevereiro 2008), Página(s): 69 - 75, Data de Publicação: 08 de fevereiro de 2008, Número de Acesso INSPEC: 9778286, DOI: 10.1109/TE.2007.906599.

23. Jean-Romain Sibue, Gatien Kwimang, Jean-Paul Ferrieux, Gerard Meunier, James Roudet, Robert Periot. Um estudo global de um sistema de transferência de energia sem contacto: Conceção Analítica, Prototipagem Virtual e Validação Experimental. Publicado em: IEEE Transactions on Power Electronics (Volume: 28, Issue: 10, October 2013), Página(s): 4690 - 4699, Data de Publicação: 21 December 2012, INSPEC AccessionNumber : 13370191, DOI: 10.1109/TPEL.2012.2235858.

24. M. de Magistris, "A MATLAB-based virtual laboratory for teaching introductory quasi-stationary electromagnetics", *IEEE Trans. Educ.*, vol. 48, no. 1, pp. 81-88, Fev. 2005, DOI: 10.1109/TE.2004.832872.

25. LI Zeng-guo, "The Construction of the Electrics and Electronics Network Virtual Laboratory System", *Journal of Baoding University*, no. 4, 2008.

26. www. w3 school s .com, www.stackoverflow.com, www.wikipedia.com e HTTPS://EMS-IITR.VLABS.AC.IN/.

27. Rajendran, Lavanya & Veilumuthu, Ramachandran & RAMACHANDRAN, (2010). Um estudo sobre a eficácia do laboratório virtual na aprendizagem eletrónica. Revista Internacional de Ciência e Engenharia da Computação. ISSN: 0975-3397, Vol.02, No.06, 2010, 2173-2175.

28. S. Sivakumar, W. Robertson, M. Artimy e N. Aslam, "Um laboratório interativo remoto baseado na Web para o ensino de redes de Internet", IEEE Trans. Educ., vol. 48, no. 4, pp. 586-598, Nov. 2005, DOI: 10.1109/TE.2005.858393.

29. Carlos Eduardo Pereira, Suenoni Paladini &Frederico Menine Schaf, "Educação em Engenharia de Controle e Automação: combinando laboratórios físicos, remotos e virtuais", IEEE conf.20-23 março 2012, DOI: 10.1109/SSD.2012.6197908.

30. L. D. Feisel, and A. J. Rosa, "The role of the laboratory in undergraduate engineering education", Journal of Engineering. Education, pp. 121-130, Jan. 2005. DOI: 10.1002/j.2168-9830.2005.

31. M. Cooper, "The Challenge of Practical Work in a eUniversity - real, virtual and remote experiments", in: Actas da Conferência sobre Tecnologias da Sociedade da Informação, 2000. ID do corpus: 198112658.

32. B. Atkan; C. A. Bohus; L. A. Crowl and M. H. Shor, "Distance Learning Applied to Control Engineering Laboratories," IEEE Transactions on Education, vol. 39, pp. 320 - 326, Aug. 1996. DOI: 10.1109/13.538754

33. K. Watson, "Utilização da Aprendizagem Ativa e Cooperativa em Cursos de EA: Three Classes and The Results," in Proceedings of the Conference Frontiers in Education, Atlanta, USA, vol. 2, pp. 3c2. 1- 3c2.6, Nov. 1995. DOI: 10.1109/FIE.1995.483137

34. K. A. Smith, "The Craft of Teaching Cooperative Learning: An Active Learning Strategy," in Proceedings of the Conference Frontiers in Education, Pittsburg, USA, pp. 188 - 193, Nov. 1989.DOI: 10.1109/FIE.1989.69400

35. M. Auer, A. Pester, D. Ursutiu e C. Samoila, "Distributed Virtual and Remote Labs in Engineering," in Proceedings of the IEEE International Conference on Industrial Technology (ICIT), Maribor, Slovenia, vol. 2, pp. 1208 - 1213, Dec. 2003.DOI: 10.1109/ICIT.2003.1290837

36. N. Faltin, A. Bohne, J. Tuttas, B. Wagner, "Distributed Team-Learning in an Internet-Assisted Laboratory," in Proceedings of the International Conference on Engineering Education, Manchester, UK, Aug. 2002.

37. A. Hofstein e V. N. Lunetta, "The laboratory in science education: Foundations for the Twenty- First Century," Science Education, vol. 88 (1), pp. 28-54, 2004. DOI: 10.1002/sce.10106

38. Belkeri Sai Prakash, Mandalapu Lavanya Sree, R Sai Saranya e R Karthik, "PROJETO E IMPLEMENTAÇÃO DE LABORATÓRIO VIRTUAL USANDO LabVIEW & my DAQ". Jornal Internacional de Engenharia Mecânica e Tecnologia (IJMET), Volume 8, Edição 5, maio de 2017, pp. 744748, Artigo ID: IJMET_08_05_080, ISSN Print: 0976-6340 e ISSN Online: 0976-6359.

39. C Sunanda, Hemalatha J N, Trilokchandran, "Um Estudo de Caso com Laboratório Virtual em Experiências de Engenharia Eléctrica". Um estudo de caso com laboratório virtual em experimentos de engenharia elétrica. RVJSTEAM 3,1(2022).

40. Xiaogen Pei," Instrumento virtual baseado na conceção de um laboratório de ensino de experiências electrónicas e eléctricas". Procedia Computer Science, Elsevier, 183 (2021) 120-125, https://doi.org/10.1016/j.procs.2021.02.039.

41. Dr. Radian G Belu, Dr. Irina Nicoleta Ciobanescu Husanu,Utilização de uma Plataforma Virtual para o Ensino de Máquinas Eléctricas e Cursos de Sistemas de Energia. 12th Conferência e Exposição Anual da ASEE, Sociedade Americana de Educação em Engenharia, 2013, Página 23.1305.1-18, ID do artigo #6190.

42. M. G. Bellanger, S. Aubry e P. R. Giordano, "Introducing Active Filter Circuits using an Interactive Software Environment", IEEE Transactions on Education, vol. 62, n.º 2, pp. 149-156, maio de 2019.

43. H. A. Wahab, N. A. Osman, e R. Ahmad, "Virtual laboratory for power system protection education," IEEE Transactions on Education, vol. 57, no. 2, pp. 84-92, maio de 2014.

44. M. Y. Abouheaf, "Um laboratório virtual para o ensino de máquinas eléctricas e eletrónica de potência," International Journal of Electrical Engineering Education, vol. 53, n.º 2, pp. 149-162, Abr. 2016.
45. Chyi-Ren Dow, Yi-Hsun Li, Jin-Yu Bai, "Um laboratório virtual para o ensino do processamento digital de sinais", International Journal of Distance Education Technologies (IJDET) 4(2), 2006 |Pages: 13, DOI: 10.4018/jdet.2006040103.
46. Liping Guo, Madhav Vengalil, Nauman Moiz Mohammed Abdul. Conceção e implementação de um laboratório virtual para uma micro-rede com fontes de energia renováveis. *Aplicações Informáticas no Ensino de Engenharia,* Volume 30, Edição 2, março de 2022, Páginas 349-361, https://doi.org/10.1002/cae.22459.
47. Liping Guo; Nauman Moiz Mohammed Abdul; Madhav Vengalil; Kezhou Wang; Alecia Santuzzi Engaging Renewable Energy Education Using a WebBased Interactive Microgrid Virtual Laboratory. IEEE Access (Volume: 10), Página(s): 60972 -60984 , Data de Publicação: 08 de junho de 2022, Eletrónico
ISSN: 2169-3536, Número de acesso INSPEC: 21797109,
DOI: 10.1109/ACCESS.2022.3181200.
48. Arturo Soriano; Pedro Ponce; ArturoMolina A
Novo design de laboratório virtual. 2019 20th International Conference on Research and Education in Mechatronics (REM), Data da Conferência: 23-24 de maio de 2019, Data de adição ao IEEE *Xplore*: 24 de junho de 2019, Número de Acesso INSPEC: 18779560, DOI: 10.1109/REM.2019.8744115, Publisher: IEEE, Local da Conferência: Wels, Áustria.
49. AhmedM. Abd El-Haleem; Mohab Mohammed Eid; Mahmoud M.
Elmesalawy; Hadeer A. Hassan Hosny. A Generic AI-Based Technique for Assessing Student Performance in Conducting Online Virtual and Remote- Controlled Laboratories, Publicado em: IEEE Access (Volume: 10),
Página(s): 128046 - 128065, Data de publicação: 07 de dezembro de 2022, ISSN eletrónico: 2169-3536, Número de acesso INSPEC: 22386063,
DOI: 10.1109/ACCESS.2022.3227505.
50. Wei-Fan Chen; Wen-Hsiung Wu; Te-Jen Su. Avaliando Laboratórios Virtuais em um Curso de Projeto de Filtro Digital: Um Estudo Experimental, Publicado em: IEEE Transactions on Education (Volume: 51, Issue: 1, fevereiro 2008), Página(s): 10 - 16, Data de Publicação: 08 de fevereiro de 2008, Número de Acesso INSPE: 9794200, DOI: 10.1109/TE.2007.893353.

Printed by Books on Demand GmbH, Norderstedt / Germany